# 宇宙エレベーター

## ——その実現性を探る

佐藤 実

SHODENSHA SHINSHO

祥伝社新書

# はじめに

二十一世紀になれば、私は宇宙に行けると思っていました。映画「2001年宇宙の旅」で描かれていたように、ロケットが飛《と》び交《か》い、宇宙ステーションや月面基地がつくられ、人が宇宙に住むようになるのだろうとワクワクしていました。

二十一世紀に入って、15年が過ぎました。私たちは今、かつてないほど宇宙が近い時代を生きています。週2回の頻度で、世界中のどこかからロケットが打ち上げられています。キューブサットをはじめとする小型人工衛星の普及によって、これまで宇宙開発に手を出せなかった国や大学の研究室、さらには個人までもが、人工衛星を持てるようになっています。

月を目指して、民間によるロボット探査レースが開かれ、世界中のチームが月面到達を競《きそ》っています。火星ではローバーが走り回り、小惑星から試料を地球に持ち帰り、はるか遠くの冥王星《めいおうせい》からでさえ、鮮明な映像が送られてきています。

毎日のように、宇宙関連のニュースが伝えられています。すべてを追うのが難しいほどです。これほどまでに宇宙が身近になったのなら、そろそろ宇宙に行けるようになってもよさそうに思えます。

ところが、誰もが宇宙に行ける時代の気配《けはい》は、さっぱり感じられません。流れてくるニュースは、ほとんどが人工衛星や探査機といった、無人機の話題です。

いっぽうで、有人《ゆうじん》宇宙活動は停滞気味《ぎみ》です。かろうじて、宇宙飛行士が入れ替わりながら、国際宇宙ステーションに滞在を続けていますが、ここ数年、新たな展開はありません。宇宙船が飛び回り、人々が宇宙で暮らす未来は、どこに行ってしまったのでしょうか。

実は、〝あの頃思い描いた未来〟が現実とならないのには、理由があります。現在のロケットでは、たやすく越えることのできない壁があるのです。私たちが憧《あこが》れた未来の実現には、ロケットとは根本的に異なる宇宙輸送機関が必要です。

それが、宇宙エレベーターです。

宇宙エレベーターは、私たちを宇宙へと誘《いざな》うゲートウェイです。ロケットとはまったく異なる原理で地表と宇宙を結《むす》び、ロケットには越えられない壁の向こう側へと、私たちを運んでくれます。

本書には、宇宙エレベーターとはどのようなものか、ロケットには越えられない壁とは何か、人類の本格的な宇宙進出によって社会はどう変わるのか、などが書いてあります。

宇宙エレベーターがある未来は、あの頃夢見た、誰もが宇宙に行ける未来です。ぜひ、あなたにも、あのワクワクをもう一度、感じていただきたいのです。さあ一緒に、宇宙エレベーターが開く未来に行こうではありませんか。

二〇一六年七月

佐藤《さとう》 実《みのる》

# 目次

第2章

# 実現性と最新テクノロジー

## 第3章 宇宙空間の法律と安全保障

第4章

# 特別インタビュー

第5章

# 宇宙開発の歴史

## 第6章 宇宙エレベーターが開く未来

**編集協力**
佐々木重之

**図表作成・提供**
大林組／2
静岡大学／3
篠 宏行／1

**写真提供**
宇宙エレベーター協会／2
井上 翼／1
PPS通信社／3、7、8、9、11
毎日新聞社／10
著者／4、5、6

# 第1章
# 宇宙エレベーターとは?

## エレベーターで宇宙へ

宇宙に行くにはロケットを使います。人類初の宇宙飛行士ガガーリンが地球を一回《ひとまわ》りした一九六一年から、ずっとそうでした。月に降《お》りた時も、国際宇宙ステーションに向かう時も、宇宙飛行士たちは皆《みな》ロケットで打ち上げられてきました。

そして、宇宙に行くにはロケットに頼るしかないことが、ガガーリンから50年以上も経《た》つというのに宇宙の経験者が未《いま》だに600人に満たない最大の理由です。誰もが宇宙に行けるようにするには、ロケットとはまったく異なる輸送機関が要《い》ります。

では、エレベーターで宇宙に行けるとしたら、どうでしょうか。

エレベーターと同じようにケーブルを使って宇宙に行く、というアイデアがあり、「宇宙エレベーター」と呼ばれています（図表1）。地球を回る軌道上にあるので、「軌道エレベーター」と呼ばれることもあります。ロケットによる打ち上げのように派手でも豪快でもありませんが、地表から宇宙に延《の》びるケーブルをスルスルっと上《のぼ》っていくだけで、安全に確実に宇宙に行くことができます。そのうえ、費用はロケットに比べると格安！

宇宙エレベーターがあれば、誰もが宇宙に行けるようになるのです。

## 図表1　宇宙エレベーターの構成

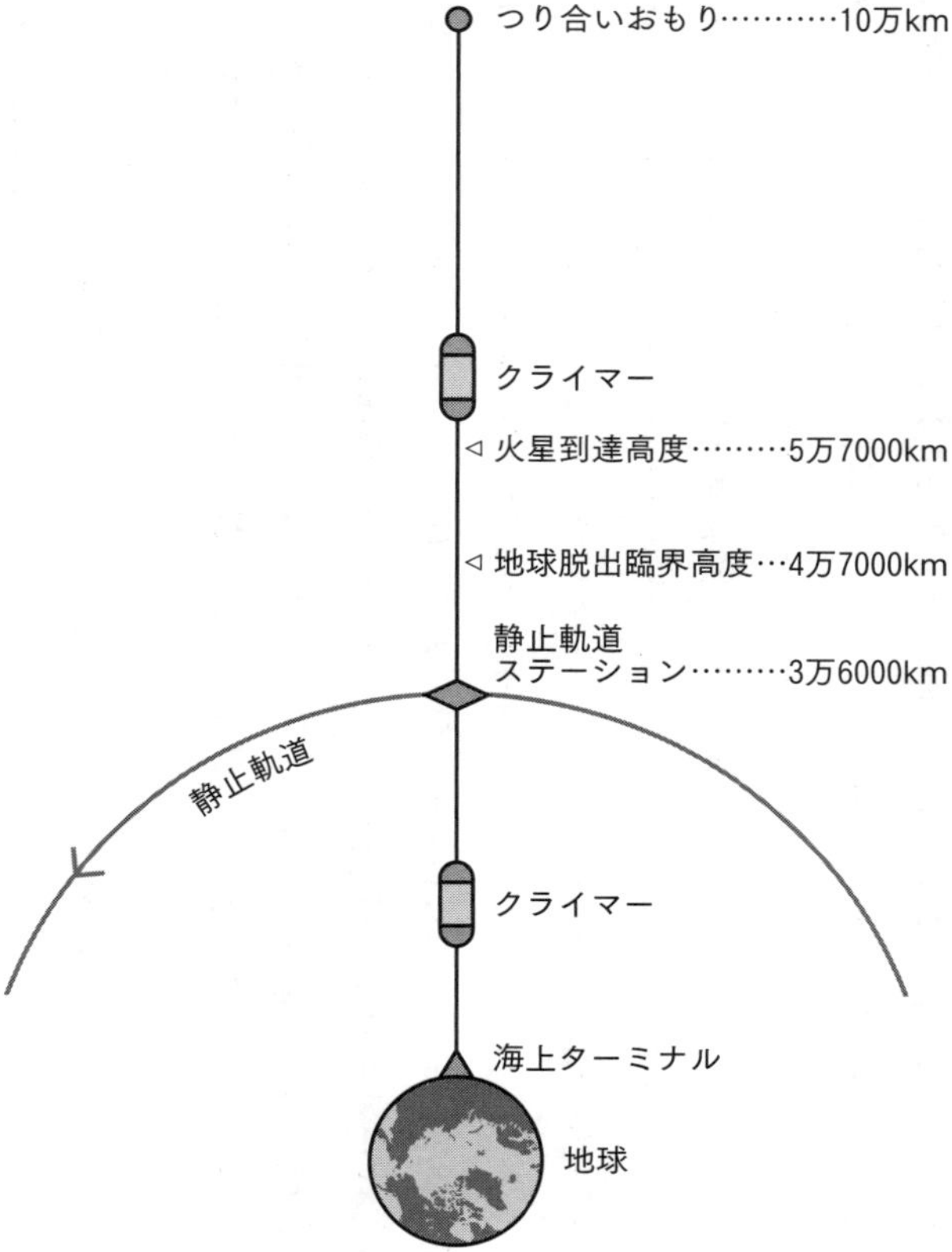

## 宇宙列車で行こう

宇宙エレベーターの呼称はエレベーターですが、そのしくみはどちらかというと鉄道に似ています。

普通のエレベーターは、乗客や荷物を載《の》せるカゴにつながるケーブルを動かすことで、カゴを上下に動かしています。ケーブルカーやロープウェイと同様です。それに対して宇宙エレベーターは、地表から垂直に延《の》びるケーブルに沿って、クライマーという乗り物が上ったり下ったりします。ケーブルという垂直なレールにクライマーという列車を走らせるので、「宇宙列車」と呼ばれることもあります。

宇宙エレベーターは、ケーブル、クライマー、海上ターミナルや静止軌道ステーションなどから成《な》ります（図表2）。ケーブルがレールで、クライマーが列車だとすると、海上ターミナルや静止軌道ステーションは駅にあたります。

ケーブルの地球側の端《はし》にある駅が海上ターミナル、途中にある駅が静止軌道ステーションです。ケーブルの途中に低軌道ステーションなどを置く案もありますが、将来はともかく、はじめのうちは常設ではなくクライマーを使うことになるでしょう。また、駅ではあ

## 図表2 宇宙エレベーター全景

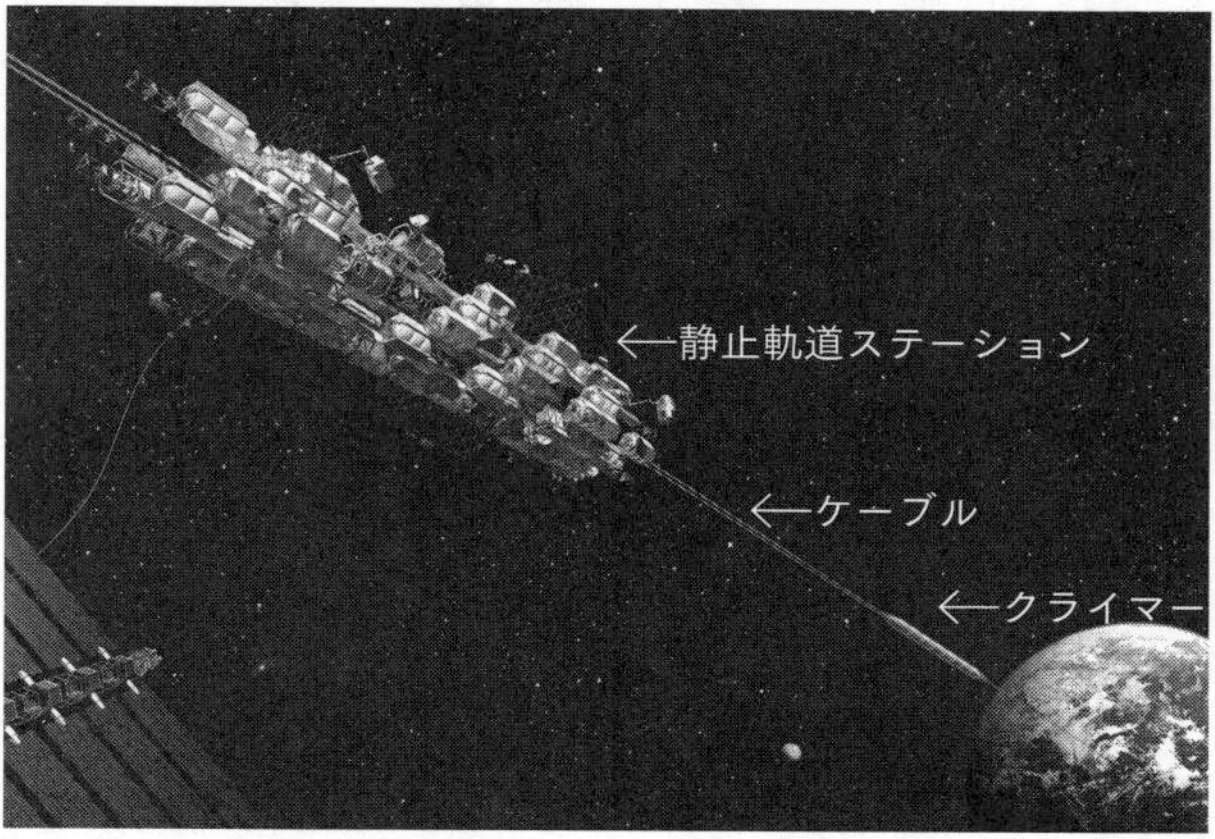


りませんが、ケーブルの宇宙側の端にはつり合いおもりがあります。

地表から宇宙に延びるケーブルは、宇宙エレベーターの要《かなめ》です。ケーブルは地表から静止軌道を越え、さらにその2倍近い長さまで延びています。地球の半径の15倍以上、月までの距離の4分の1に達します。

宇宙エレベーターのケーブルは、長さだけでなく、かかる力の大きさも桁外《けたはず》れです。静止軌道を境《さかい》にして、ケーブルの地球側は地球に、宇宙側は宇宙に、それぞれ引《ひ》っ張《ぱ》られます。ケーブルが長いので、かかる力も大きくなります。ケーブルはこの大きな力と張り合うだけの強さと軽さを兼《か》ね備えていなければばなりません。

残念ながら、宇宙エレベーターのケーブルとして使えるくらい強くて軽い材料は、今のところありません。しかし、期待が持てる候補はあります。なかでも、カーボンナノチューブは有望です。詳細は次章で述べます。

**宇宙を動き回る**

海上ターミナルは、ケーブルの地表側の端にある施設です。赤道の海に浮かび、海面を動き回ることができます。「海上ステーション」と呼ばれることもありますが、ケーブルの端（ターミナル）なので、「海上ターミナル」と呼ぶことにします。また、「アースポート」と呼ばれることもありますが、前述のように、宇宙エレベーターは船や飛行機よりも鉄道に似た輸送機関なので、鉄道から言葉を借りることにします。

海上ターミナルが赤道にあるのは、赤道が静止軌道の真下《ました》だからです。宇宙エレベーターは静止軌道上にあり、静止軌道から地表に向かってまっすぐケーブルを垂《た》らすと、行き着く先は赤道になるのです。

また、海上ターミナルが海にあるのは、ケーブルを思い通りに操《あやつ》りたいからです。宇宙エレベーターのケーブルは、人工衛星やスペースデブリ（使用されなくなった人工衛星など宇宙のゴミ）を除《よ》けたり、地表の嵐を避《さ》けたりするために、動きを操れるようにします。ケーブルの端は、ケーブル全体を操るのにとても重要な役割をはたします。そのため、ケーブルの端を動かす範囲に余裕が欲しいのですが、陸上では限られてしまいます。その点、海面なら広い範囲を動き回ることができるので安心です。

静止軌道ステーションは、静止軌道にある宇宙エレベーターの拠点です。長い宇宙エレベーターのなかで、静止軌道だけが無重力状態です。重力を感じないので、構造物はいくらでも大きくできます。そのため、静止軌道ステーションは宇宙エレベーターで最大の施設になります。人が住み、商業施設がつくられ、経済活動が行なわれるでしょう。地球上ではつくるのが難しい材料や薬の製造、大型の宇宙船の建造といった、無重力環境を活《い》かした工場もつくられるでしょう。

宇宙エレベーターのクライマーは、地表と宇宙を結《むす》び、乗客や貨物を運びます。英語「クライマー（climber）」の意味は「上るもの」です。もちろんクライマーは下ることもできますが、宇宙に上っていくという働きを重んじて、「クライマー」と呼んでいます。そういえば、「エレベーター（elevator）」も、もともとの意味は「上げるもの」です。

クライマーはケーブルを車輪で挟《はさ》み、その車輪をモーターで回すことで動きます。駆動に必要な電力は、宇宙太陽光発電衛星などからのマイクロ波やレーザーによる無線伝送で賄《まかな》います（宇宙太陽光発電については212～214ページで詳述）。将来的には、ケーブルにリニアモーターを組み込む方式も候補のひとつです。

宇宙エレベーターが鉄道と大きく異なる点は、クライマーがケーブルに沿って上ったり下ったりするだけの輸送機関ではないことです。宇宙エレベーターは、太陽系内に宇宙船を射《う》ち出す軌道カタパルトとしての役割もはたすのです。

宇宙エレベーターのケーブルは先端に近いほど、速く動きます。この速さを使うと、ケーブルの先のほうに運んだ宇宙船をケーブルから放すだけで、太陽系内のさまざまな天体に届けることができます。投石機（カタパルト）に似ているので、「軌道カタパルト」と呼ばれています。

静止軌道ステーションからケーブルの先端に向かってしばらく進んだところに、地球の重力を振り切る速さになる高度があります。地球の重力圏《じゅうりょくけん》（地球の引力による影響を実質的に考えなくてもよくなる範囲。地表から約93万キロメートル）を抜《ぬ》け出すことができるので、「地球脱出臨界高度」と言います。地球脱出臨界高度から放たれた物体は、地球には戻ってきません。地球と同じような軌道を描いて、太陽の周《まわ》りをめぐります。

地球脱出臨界高度のさらに先には、火星に届く速さになる高度があります。「火星到達高度」と言います。火星到達高度からうまくタイミングを合わせて物体を放すと、楕円《だえん》軌道を描きながら進み、やがて火星に着きます。

宇宙エレベーターを軌道カタパルトとして使うと、火星だけでなく、小惑星などにも宇宙船を届けることができます。宇宙エレベーターができれば、太陽系を縦横《じゅうおう》に飛び回る手段を手に入れたことになるのです。

## 宇宙エレベーター体験ツアー

全体像が見えてきたところで、宇宙エレベーターに乗ってみたいと思いませんか。実物に乗るのはまだ無理ですが、思い描くことはできます。さっそく、宇宙エレベーターの仮想体験ツアーに出かけましょう。

海上ターミナルへは船で向かいます。飛行機がケーブルを切ってしまうと困るので、海上ターミナル周辺は飛行禁止です。船酔《ふなよ》いが心配、という方もいらっしゃるかもしれませんが、ご心配なく。赤道の海は穏《おだ》やかです。荒れることはほとんどありません。鏡のような海面を滑《すべ》るように進む船の旅をお楽しみください。

船が海上ターミナルに近づくと、ケーブルがキラキラ輝《かがや》き、天を衝《つ》いて延《の》びている様子がわかります。運が良ければ、クライマーが上っていくところや下りてくるところを見られるかもしれません。

海上ターミナルには、クライマーやケーブルの制御にかかわる設備、セキュリティチェックやパスポートコントロール、税関、検疫《けんえき》といった乗客や貨物の管理のための施設以外に、免税店やレストランなどもあります。「ターミナル」という呼び方は鉄道の駅に倣《なら》いましたが、役割としてはむしろ国際空港に似ています。出発までの待ち時間は、ショッピングを楽しんだり、海を眺《なが》めながら食事をしたりして、お過ごしください。

## 「上にまいります」

では、搭乗時間になったようなので、クライマーに乗り込みましょう。クライマーには、高度数百キロメートルの低軌道高度まで行く観光用の近距離離型編成と、静止軌道高度やその先まで行く貨客混載の遠距離離型編成があります。

観光用の近距離離型編成では、地球側を望む最後尾が展望デッキになっており、足元に広がる地球を眺《なが》めることができます。ちょっと怖《こわ》いと感じるかもしれませんが、ある程度まで上ってしまえば高さを感じなくなるので、ご心配にはおよびません。

遠距離離型編成には、静止軌道ステーションのなかで使う物資を運ぶための与圧式《よあつしき》の車両と、宇宙空間で使う物資を運ぶための曝露式《ばくろしき》の車両があり、顧客の要望に応じて編成を変えることができます。

クライマーの出発は静かです。加速度は地上の建物のエレベーターとほぼ同じ。ぼんやりしていると、動き出したことに気づかないかもしれません。その加速も短時間で終わり、あとは一定の速さでケーブルを上っていきます。地表から10キロメートルほどまでの対流圏《たいりゅうけん》や50キロメートルほどまでの成層圏《せいそうけん》を通過中は揺《ゆ》れに備えてシートベルトを締《し》めなければなりませんが、抜《ぬ》けてしまえば席を立って歩き回ることができます。展望デッキで眼下の地球を眺めながら、お寛《くつろ》ぎください。

低軌道高度までの行程は、日帰りか1泊2日。手軽に宇宙を楽しむ観光コースです。上昇中や下降中に極端な加速度がかかることがなく、無重力状態になることもないので、特別な訓練は不要。海外旅行ができる体力があれば、誰でも参加可能です。

海上ターミナルから低軌道高度までは2時間ほど。目的の高度に着いたらクライマーを停《と》め、日帰りなら数時間、1泊2日なら半日、そこにとどまります。宇宙エレベーターは地球と一緒に回っているので、見下ろしている場所はずっと同じですが、刻々《こくこく》と移り変わる雲の表情や、日の出や日の入りの壮麗な眺望を楽しむことができます。

また、地表の9割程度の重力を感じるので、椅子に腰かけ、テーブルに食器を並べて食事ができます。炭酸飲料を無重力状態で飲むには特殊な容器が必要ですが、重力を感じるここでは不要。高さ数百キロメートルの展望レストランでの乾杯は、シャンパングラスやビールジョッキを掲《かか》げましょう。

## 火星へ

ほとんどの観光客は低軌道高度で折り返しますが、宇宙エレベーター体験ツアーはさらに先を目指します。

次の行き先、静止軌道ステーションまでは数日かかります。この先、高度が上がるにしたがって、重力が弱くなっていきます。入れ替わりに、コリオリ力（回転しているものの上を動く時に、進行方向の横向きに引っ張られるように感じる力）が強くなります。クライマーの床がどんどん傾《かたむ》いていくように感じるので、バランスを崩《くず》さないように、ご注意ください。

静止軌道ステーションは、宇宙基地というより、ちょっとした街であり、大勢の人たちが働いています。地表との往復には数日かかるので通うのは難しく、必然的に、ここで暮らすことになったのです。

静止軌道ステーションには、ショッピングモールやコンビニエンスストアといった商業施設だけでなく、病院などの暮らしに必要な施設が一通《ひととお》り揃っています。庶民には縁遠《えんどお》いものですが、富裕層向けの別荘やプライベート宇宙船の格納庫などもあります。

もちろん、旅行者向けの施設も十分備わっています。宿泊施設は、リゾートホテルからカプセルホテルまで、好みと予算に応じて選ぶことができます。無重力状態を活《い》かしたアクティビティを楽しむことができるアミューズメントパークも賑わっています。ただし、無重力状態に慣れるまで、行動は慎重に。

静止軌道ステーションの先には地球脱出臨界高度や火星到達高度、さらにケーブルの先端にはつり合いおもりがあります。

地球脱出臨界高度や火星到達高度には常設の施設はありません。必要に応じて、クライマーを差し向けます。また、つり合いおもりは無人の施設です。どちらも、これといって興味を引きそうなものはないので、観光客は滅多《めった》に訪《おとず》れません。しかし、宇宙エレベーターの端から端まで触れていただくこのツアーは別です。ちょうど、火星に向かう定期無人輸送機を載《の》せたクライマーが静止軌道ステーションを発《た》つようなので、一緒に乗って軌道カタパルトによる射出《しゃしゅつ》を見に行きましょう。

静止軌道ステーションからケーブルの先端に向かうと、無重力状態から再《ふたた》び重力を感じるようになります。ただし、向きが逆です。地球を「上」に、ケーブル先端を「下」に感じます。静止軌道ステーションからケーブルの先端に向かって数日「下る」と、火星脱出高度です。ここで、積んできた輸送船をクライマーから切り離します。

軌道カタパルトによる射出といっても、派手なことは起きません。カウントダウンとともに切り離された輸送船は、スーッとクライマーから離れていきます。瞬《またた》かない星の海に向かって、重力に引かれて落ちていくようです。これで、この輸送船はわずかな軌道修正を除《のぞ》いて、ロケットによる推進なしで火星に届きます。

軌道カタパルトによって太陽系内の多くの天体との往来がさかんになりました。華《はな》やかさはありませんが、まぎれもなく、ここが人類の本格的な宇宙進出の最前線です。

宇宙エレベーターの仮想体験ツアー、いかがでしたか。仮想ではなく、現実の宇宙エレベーターに乗ってみたいものです。

地球上の問題に片《かた》をつけ、人類を宇宙へと押し上げるのが、宇宙エレベーターです。宇宙が日常化し、誰もが宇宙に行くことができる本格的な宇宙時代の到来です。

しかし、宇宙エレベーターの実現はまだ先です。どのような問題が実現を阻《はば》んでいるのでしょうか。いつまで待てば実際に乗ることができるのでしょうか。次章で詳しく見ていくことにしましょう。

第2章

# 実現性と最新テクノロジー

## 小説のなかの宇宙エレベーター

宇宙エレベーターの実現時期については、さまざまな予想があります。「50年後には実現できるのではないか」と言う人もいれば、「30年後には」「いや10年後」と言う人もいます。いっぽう、「そもそも実現は不可能だ」と言う人もいます。

予想に一貫性がないのは、それぞれ規模や機構が異なる宇宙エレベーターを思い描いているのが一因です。これまでに、途方《とほう》もなく大規模なものから比較的小規模なものまで、さまざまな宇宙エレベーターが考え出されてきました。

SFやアニメで取り上げられた宇宙エレベーターを見ていくと、その混沌《こんとん》とした様子がうかがえます。

イギリスの作家アーサー・C・クラークが一九七九年に『楽園の泉』で書いたのは、大規模な宇宙エレベーターでした。小惑星を地球の静止軌道まで運んできてケーブル製造工場を設け、そこからケーブルを繰《く》り出していく、という構想です。ケーブルの素材が無重力状態でしかつくれないという設定なので、小惑星にケーブル製造工場を設けたのだと思いますが、小惑星の運搬は大がかりな事業です。実際にも計画はありますが、動かそうとしている小惑星はずっと小さなものです。

さらに過激なことを考えたのは、アメリカの科学者であり作家でもあるチャールズ・シェフィールドです。一九七九年に『星ぼしに架《か》ける橋』で、宇宙空間でつくった宇宙エレベーターを地表に落として一気に完成させる、という建造方法を書いています。この突《とっ》拍子《ぴょうし》もない提案は、アイデアとしてはおもしろいのですが、現実的ではないですし、乱暴すぎです。

日本の作家・野尻抱介《のじりほうすけ》が二〇一〇年に書いた『コンビニエンスなピアピア動画』は、コンビニエンスストアの真空殺虫器で見つかった新種の蜘蛛《くも》が宇宙で巣をつくり、それが宇宙エレベーターになっていく、という小説です。蜘蛛がつくる宇宙エレベーターというアイデアが秀逸です。もしかしたら可能かもしれないと感じさせるおもしろさがありますが、残念ながら宇宙エレベーターのケーブルになるほど強い糸を出す蜘蛛は見つかっていません。

宇宙エレベーターが出てくるアニメはいくつもありますが、よく知られているのはやはり「機動戦士ガンダム」でしょう。初回の放送が二〇〇七年の「ガンダム00」や、同二〇一四年の「ガンダム Gのレコンギスタ」で扱われています。

「ガンダム00」では、3本の宇宙エレベーターをオービタルリングという輪《わ》でたがいに結びつけるという、壮大な設定でした。「ガンダム Gのレコンギスタ」では、ナットという中間ステーションがいくつも設けられているケーブルを、クラウンという連結式のクライマーが行《ゆ》き交《か》うという、こちらも壮麗な設定でした。

他にもまだまだありますが、ここで挙《あ》げたものでも、規模や機構がバラバラなことがわかります。ですから、宇宙エレベーターと聞いた時に、人によって思い浮かべるものが違うのはしかたがないのです。これらを混ぜこぜに論じるのは混乱のもとです。

そもそも、SFやアニメの宇宙エレベーターは、実際につくることを目的にしているわけではありません。どれほど非現実的で突拍子もない構想でも、世間をアッと言わせる大胆なアイデアのほうが、おもしろいに決まっています。

では、実際につくることを目的にした構想はないのでしょうか。

## 実現可能なエドワーズ・モデル

実現の可能性を真剣に考えたものに、エドワーズ・モデルがあります。二〇〇〇年、ロスアラモス国立研究所のブラッドリー・C・エドワーズ博士（現在、カーボン・デザインズ代表）によって示されました。これによって、宇宙エレベーターは既存技術の延長や応用でつくることができそうだという道筋が、つけられました。

エドワーズ・モデルの特徴は、宇宙エレベーター全体を一気につくるのではなく、ケーブルの補強を繰り返しながら、すこしずつ完成に近づけていく、という工法にあります。吊《つ》り橋《ばし》の建造と同じように、はじめに細いケーブルをパイロットラインとして通し、そのケーブルに補強を施《ほどこ》すことで、完成に近づけていきます。エドワーズ・モデルでは、建造期間の2年半で、ケーブルの補強を280回繰り返すことになっています。

建造可能な宇宙エレベーターの案を示したエドワーズ・モデルは、その後の宇宙エレベーター構想に大きな影響を与えました。最近の構想の多くは、エドワーズ・モデルを雛形にしています。

大手ゼネコンの大林組が、二〇一二年に「季刊大林No.53」で明らかにした宇宙エレベーター構想も、エドワーズ・モデルを基《もと》にしています（第4章で詳述）。大林組の構想では、エドワーズ・モデルよりも大きなクライマーを上り下りさせるため、補強の回数を増やし、510回としています。また、建造期間が20年と、より現実的な見積もりになっています。

本章では、エドワーズ・モデルを基にして、実現可能だと考えられている宇宙エレベーターの課題と実現時期について考えてみます。ただし、建造期間については、エドワーズ・モデルの2年半というのは楽観的すぎるので、大林組の想定に倣《なら》って、20年とします。

## カギはケーブルの材料

宇宙エレベーターが未《いま》だにつくられていない最大の理由は、ケーブルに使える材料がないことです。宇宙エレベーターのケーブルには、強さと軽さを兼《か》ね備えることが求められます。ケーブルには大きな張力《ちょうりょく》が働くので、引っ張りに対して強くなければなりませんし、ケーブルは自分自身の重さを支える必要があるので、軽くなければなりません。

今のところ、宇宙エレベーターのケーブルに求められる強さと軽さを兼ね備えた材料は、まだありません。

たとえば、吊り橋《つりばし》のワイヤーに使われているピアノ線を、高度３万６０００キロメートルの静止軌道から地球に向かって垂《た》らしていくと、だいたい７０００キロメートル垂らしたところで、自重《じじゅう》に耐えられず、切れてしまいます。地表までは、まだ３万キロメートル近くもあります。

ピアノ線よりも軽くて強い材料に、合成繊維のケブラーがあります。引っ張りに対する強さはピアノ線の１・４倍程度で、それほど強くはありませんが、密度は５分の１以下と、とても軽い繊維です。

このケブラーでつくったケーブルを、静止軌道から地球に向かって垂らしていくと、だいたい１万６０００キロメートルで切れます。ピアノ線よりはずいぶん地表に近づきましたが、それでもまだ地表までの半分にも届いていません。

## カーボンナノチューブ

宇宙エレベーターのケーブル材料として可能性があるのは、カーボンナノチューブ（写真1）です。カーボンナノチューブは、ダイヤモンドやグラファイト（黒鉛《こくえん》）などと同じように、炭素原子だけでできている物質です。

炭素だけからできている物質でも、たとえばダイヤモンドは硬《かた》くて透明なのに、グラファイトは脆《もろ》くて黒色という具合に、性質の異なるものがあります。これは、原子の並び方が異なっているためです。ダイヤモンドでは炭素原子が立体的に組み合わさっているのに対し、グラファイトでは炭素原子が六角形の網目状《あみめじょう》に並んだ平面が層状に積み重なっています。

カーボンナノチューブは、炭素原子が六角形の網目状に並んだ平面を丸めて筒状にした構造で、中空で細長い円筒形の物質です。カーボンナノチューブの仲間には、炭素原子がサッカーボール型につながった$C_{60}$などのフラーレンや、六角形の網目状の平面が1枚だけのグラフェンもあります。カーボンナノチューブは、グラフェンを丸めた筒の両端に$C_{60}$を半分に割ったもので蓋《ふた》をしたような構造です。

写真1　カーボンナノチューブ

静岡大学大学院創造科学技術研究科井上翼《いのうえよく》准教授の実験で合成されたカーボンナノチューブ

カーボンナノチューブは、引っ張りに対してとても強い物質です。カーボンナノチューブをつくっている炭素原子が規則正しく並ぶ網目構造は、原子どうしのつながりとしては最強の結合です。このためカーボンナノチューブの強さは、ピアノ線の25倍以上、ケブラーの20倍ほどもあります。

またカーボンナノチューブは、とても軽い物質です。円筒内は空洞なので、密度が小さく、ケブラーに対してはわずかに軽い程度ですが、ピアノ線に対しては6分の1ほどしかありません。

強くて軽いカーボンナノチューブは、宇宙エレベーターのケーブル材料としての素質を十分に備えています。カーボンナノチューブを静止軌道から垂《た》らしても、地表に届くまでは切れません。実際に宇宙エレベーターで使うには、もうすこし余裕が欲しいところですが、静止軌道ステーションに近いところほどケーブルを太くする、といった工夫で、対応可能だと考えられています。

課題は長さです。現在のカーボンナノチューブの長さは、最長でも数センチメートルしかありません。宇宙エレベーターのケーブルにするには、これを10万キロメートルにしなければなりません。

## カーボンナノチューブの均質化

ところが、カーボンナノチューブを長くする研究は、残念ながら最近の主流ではありません。最近のカーボンナノチューブ研究は、均質化に向かっています。

均質化には2種類あります。ひとつは向きなどの幾何学的な性質を揃えること、もうひとつは電気的な性質を揃えることです。

カーボンナノチューブの向きを揃えると、性能の良い材料がつくれます。カーボンナノチューブの特徴のひとつは、細長い形状です。しかし向きが揃っていないと、その特徴が薄《うす》まってしまいます。細長い形状を活《い》かすには、向きを揃えたほうがいいわけです。向きだけでなく、太さや長さも揃えられれば、さらに性能の良い材料になるはずです。

また、カーボンナノチューブの電気的な性質を揃えると、電気回路や素子《そし》として使えます。カーボンナノチューブの電気的な性質は、炭素原子の網目のねじれ方で決まります。ねじれ方によって、金属的になったり、半導体的になったりします。ねじれ方が均一なカーボンナノチューブをつくり分けることができれば、電気的な性質を自在に操《あやつ》れるようになるわけです。

## カーボンナノチューブの伸張

とはいえ、長くする研究がまったく進められていないわけではありません。繊維状のものを長くするには、伸《の》ばす、つなぐ、紡《つむ》ぐ、などの方法が考えられます。

カーボンナノチューブをどんどん伸ばしていくのは、ちょっとハードルが高そうです。

カーボンナノチューブをつくるには、ほとんどの場合、触媒《しょくばい》が使われますが、カーボンナノチューブが伸びるにつれて触媒の劣化《れっか》が進み、カーボンナノチューブの成長が止まってしまいます。触媒の劣化を食い止める方法が見つかれば、長いカーボンナノチューブをつくることができそうですが、まだ難しいようです。

つなぐのはどうでしょうか。カーボンナノチューブどうしをつなぐには、カーボンナノチューブの間に橋を架《か》けるように結合をつくります。橋を架ける方法はいくつか考えられていますが、炭素原子どうしの強い結合で橋を架けることが、まだできません。

では、紡ぐのはどうでしょうか。紡ぐとは、短い繊維に撚《よ》りをかけて糸にすることです。短い繊維でも、紡ぐことで長い糸にできます。たとえば木綿糸は、ワタの種子から採《と》れる長さ数センチメートルの木綿の繊維を紡いで糸にしたものです。数センチメートルの木綿の繊維を紡いで糸にできるなら、数センチメートルのカーボンナノチューブでも可能なはずです。しかも、カーボンナノチューブはしなやかなので、撚りをかけても折れずに、うまく紡ぐことができそうです。

実はカーボンナノチューブを紡いだ糸は、すでにつくられています。連続的に糸にする方法も考えられています。長さだけに関して言えば、カーボンナノチューブ製の10万キロメートルの糸は、現在でも製作可能です。

しかし残念なことに、カーボンナノチューブを紡いだ糸には、宇宙エレベーターのケーブルに求められる強さが、まだ足《た》りません。

紡いだ糸の強さは、繊維の強さと繊維どうしに働く摩擦《まさつ》の大きさで決まります。糸を紡ぐ時には、束《たば》ねた繊維に撚りをかけて、短い繊維を絡《から》み合わせます。撚りをかけることで繊維どうしに働く摩擦を大きくして、繊維が抜けてしまうのを防ぐわけです。

糸を引っ張る力をしだいに強くしていくと、繊維の強さよりも繊維どうしに働く摩擦のほうが大きければ、繊維から切れ始めます。逆に、繊維の強さよりも繊維どうしに働く摩擦のほうが小さければ、それぞれの繊維が切れる前に、繊維どうしがたがいに滑《すべ》りながらずれていき、抜けてしまいます。

現在つくられているカーボンナノチューブを紡いだ糸は、繊維の強さよりも繊維どうしに働く摩擦のほうがずっと小さいものです。このため、カーボンナノチューブじたいが切れるよりははるかに弱い力で、絡み合わせたカーボンナノチューブが抜けてしまいます。

つなぐにしても紡ぐにしても、足りないのはカーボンナノチューブどうしに働く力です。炭素原子の網目構造と同じ強い結合で橋を架ける方法が見つかれば、宇宙エレベーターのケーブルとして使う目処《めど》が立ちそうです。今後の研究成果に期待しましょう。

## ケーブルの制御、保守、撤去

材料の他にも、ケーブルの課題はあります。人類はこれほど長い構造物を宇宙空間に据《す》え付けた経験がないので、未知の出来事《できごと》に備えておく必要があります。

たとえば宇宙エレベーターをつくる時に、どのようにケーブルを伸ばしていけばいいのか、まだはっきりとはわかっていません。エドワーズ・モデルでは、全長10万キロメートルのパイロットラインを巻いたリールをロケットで一度に打ち上げて、宇宙空間で伸ばしていく計画になっています。ケーブルのように長くて柔《やわ》らかいものを宇宙空間で伸ばしていった時のふるまいを十分知っておく必要があります。

ケーブルの動きは、箸《はし》でつまみ上げた蕎麦《そば》やフォークで持ち上げたスパゲッティの動きに似ています。蕎麦やスパゲッティがブラブラして、つゆやソースが思いもよらないところに飛び散ることがあるように、ケーブルも予測の難しいカオス的な動きをします。ケーブルの動きが制御不能になるのは困ります。

また、完成後の宇宙エレベーターのケーブルがどのような運動をするのかについても、調べておかなければなりません。ケーブルは、クライマーの昇降、月や太陽の引力、太陽光の圧力などの力を受けます。これらの力によって、振動やねじれが生《しょう》じますが、ケーブルが切れたりしては困ります。

ケーブルの保守も課題のひとつです。クライマーは、ケーブルを挟《はさ》んだローラーを回すことによって、上り下りを繰り返します。ケーブルとローラーが機械的に触れ合うので、磨耗《まもう》は避《さ》けられません。また、宇宙線（宇宙空間を飛《と》び交《か》う放射線）や原子状酸素による腐食も心配です。ケーブルの状態を保ち続けるために、点検や補修の方法をしっかり決めておかなければなりません。

さらに、ケーブルの撤去方法も考えておく必要があります。まだつくられてもいないのに、気が早いと思われるかもしれませんが、取《と》り除《のぞ》けないものをつくるわけにはいきません。長さ10万キロメートルの構造物となれば、なおさらです。

まさに課題山積《さんせき》ですが、いくつかの分野では、すでに研究が進められています。たとえば、宇宙空間でケーブルを伸ばした時のふるまいについては、人工衛星やロケットでのテザー展開実験として行なわれています。

宇宙開発では、宇宙船や人工衛星をつなぐ細いひもを「テザー」と呼びます。一九九六年にはNASA《ナサ》（アメリカ航空宇宙局）が、スペースシャトルから19キロメートルのテザーを伸ばして、電離層《でんりそう》を調べました。二〇〇七年にはESA《イーサ》（欧州宇宙機関。第5章で詳述）の学生プロジェクトが、30キロメートルのテザーを伸ばす実験をしています。

## エネルギーとパワーの比較

次に、クライマーのエネルギーとパワーについて見ていきましょう。宇宙エレベーターでは、宇宙に行くために必要なエネルギーとパワーが、ロケットより少なくてすみます。パワーとは、単位時間あたりのエネルギー収支のことです。

地球の引力に逆《さか》らって宇宙に行くには、位置エネルギーを増やさなければなりません。位置エネルギーは物体の位置が高いほど、つまり地球の中心から遠いほど、大きくなります。物体の位置エネルギーを増やすには、引力に逆らって物体を持ち上げる必要があります。

ロケットでは、位置エネルギーを増やすために、推進剤を噴き出した反動で機体を持ち上げます。空中には支えがないので、一気に持ち上げてしまわなければなりません。短時間で大量の位置エネルギーを増やすので、大きなパワーが必要です。パワーが大きいぶんだけ、危険も増します。

さらにロケットは運動エネルギーも膨大《ぼうだい》です。ロケットが宇宙にとどまるには、秒速数キロメートルの速さで、地球周回軌道に乗らなければなりません。地球周回軌道に乗ると、引力に引かれて落ち続けているのに、地球が丸《まる》いので落ちていく先に地表がないという状況になります。つまり、地表にぶつかることなく地球の周《まわ》りを落ち続けるわけです。ちなみに、いつまでも落ちている状態が続くので重力を感じません。無重力状態です。

地球周回軌道に乗るには、秒速8キロメートル弱の速さが必要です。ライフル銃から撃《う》ち出された銃弾の速さが秒速約1キロメートルですから、銃弾の数倍の速さです。

地球周回軌道に乗るロケットには、これだけの速さにするための運動エネルギーが必要なのです。しかも、速さを2倍にするには4倍のエネルギーが必要になります。必要な運動エネルギーの量は膨大です。

位置エネルギーと運動エネルギーを与えるために、ロケットには大量の推進剤を積み込まなければなりません。打ち上げロケットの機体は、大部分が推進剤のタンクです。そのぶん、宇宙に運び上げることができる乗客や積荷《つみに》は少なくなります。これは、ロケットの宿命です。

いっぽう、クライマーはケーブルを上っていくことで宇宙に行きます。ケーブルという支えがあるので、つかまってさえいれば落ちることはありません。時間をかけてゆっくり位置エネルギーを増やしていくことができます。ロケットに比べると、はるかに少ないパワーですみ、それだけ危険も少なくなります。

しかも、クライマーがある高度まで上るために必要なエネルギーは、同じ高度の位置エネルギーよりも小さくてすみます。宇宙エレベーターで地球周回軌道に乗っているのは、静止軌道ステーションだけです。静止軌道ステーションが無重力状態なのはこのためです。ケーブルを上るクライマーが感じる重力は、上るにつれて小さくなっていき、静止軌道ステーションでちょうどゼロになります。ケーブルを上るクライマーが逆らわなければならない重力が小さいので、位置エネルギーも少なくてすむわけです。

エネルギーが少なくてすむのは、宇宙エレベーターのケーブルが地球と一緒に回っているからです。そのため、ケーブルを上るクライマーは進行方向に対して横向きにコリオリ力を感じます。クライマーが感じるコリオリ力はケーブルが引き受けます。クライマーはケーブルを上ることだけにエネルギーを使えばすみ、コリオリ力のぶんは最終的には地球が引き受けてくれます。

もちろん、クライマーにもケーブル上を動くための運動エネルギーは必要ですが、ロケットに比べると桁違《けたちが》いに少なくてすみます。ケーブル上を動く速さが時速２００キロメートルとすると秒速約60メートル。秒速数キロメートルのロケットに比べて１００分の１以下ですから、エネルギーでは１万分の１以下です。クライマーには摩擦によるエネルギー損失などもありますが、ロケットの運動エネルギーに比べれば微々《びび》たるものです。

## エネルギー源の外部化

宇宙エレベーターでは、クライマーは外部からエネルギーを受け取ります。位置エネルギーと運動エネルギーの量は機体が重くなるほど大きくなるので、エネルギー源を外部に置いて機体を軽くするのは理《り》に適《かな》っています。

打ち上げロケットでは、エネルギー源を外部に置くと、何かの拍子にエネルギーの供給が途絶《とだ》えた時に、危機的な状況に陥《おちい》ります。打ち上げロケットには支えがないので、一度地表を離れたら、一気に周回軌道まで上がってしまわなければなりません。途中でエネルギーが切れては一大事です。

打ち上げロケットでは、エネルギー供給を途絶えさせないために、機体に積み込む推進剤がエネルギー源も兼《か》ねています。現在の打ち上げロケットは、推進剤として燃料と酸化《さんか》剤《ざい》を使う化学ロケットです。燃料と酸化剤の化学反応でエネルギーを取り出し、化学反応の生成物を噴射に使います。

たとえば、日本の主力大型ロケットH-ⅡA/H-ⅡBのメインエンジンでは、燃料の液体水素と酸化剤の液体酸素の反応でできる高温高圧の水蒸気を推進剤にしています。推進剤だけを積み込み、エネルギーは外から受け取る、という打ち上げロケットのアイデアもあるようですが、実現はしていません。

それに対して、宇宙エレベーターのクライマーはたとえエネルギーの供給が途絶えたとしても、ケーブルにつかまってさえいれば安全です。その場にとどまり、復旧を待つことができます。さらに、クライマーにエネルギー源を積まないことで、そのぶんたくさんの乗客や荷物を積むことができます。燃料電池などのエネルギー源を補助的に積むことはあるかもしれませんが、基本的にはクライマーの外からエネルギーを受け取る計画です。

## 無線電力伝送

クライマーの外からエネルギーを受け取るといっても、電源ケーブルを引っ張るのは賢明ではありません。地表から電源ケーブルを引っ張り上げると、クライマーの高度が上がるほどケーブルの重さも増えていきます。最終的には数万キロメートルもの電源ケーブルを引っ張り上げなければならず、機体より電源ケーブルのほうが重くなってしまいます。

そこで、クライマーにエネルギーを送るために、電磁波を使います。電磁波などを使って非接触で電力を送る技術を「無線電力伝送」と言います。

実は、無線電力伝送は身近なところで使われています。たとえば、置くだけで充電ができるスマートフォンや電動歯ブラシ、タッチするだけで支払いができる交通系カードなどです。こういった、近距離でそれほど大きくないエネルギーを送る用途から使われ始めています。

しかし、宇宙エレベーターのエネルギー伝送では、はるかに大きなエネルギーを長い距離を隔《へだ》てて、しかも動いているクライマーに正確に送り届ける必要があります。これは容易ではありませんが、技術的に不可能というわけではありません。

エネルギー伝送の実験は、すでにマイクロ波やレーザーで行なわれています。たとえば、JAXA《ジャクサ》(宇宙航空研究開発機構)はマイクロ波による無線電力伝送の研究の一環として、二〇一五年に屋外試験をしました。送電アンテナから1・8キロワットほどの電力で送り出したマイクロ波を55メートルほど離れたところで受け取り、300ワット以上の電力を得ることができました。

もちろん、宇宙エレベーターで求められる数万キロメートルの無線電力伝送には程遠《ほどとお》いのですが、この試験は実用化に向けたデモンストレーションとのことなので、今後の進展が楽しみです。

また、地表と人工衛星の間や人工衛星どうしでのレーザーを使った通信は、実用化が始まろうとしています。レーザーによる通信は、現在主流のマイクロ波による通信よりもデータの転送を速く、機器を小さくできるので、熱心に研究や開発が進められています。

たとえば、ＪＡＸＡが二〇〇五年に打ち上げた光衛星間通信実験衛星「きらり」は、ＥＳＡの静止衛星との間で、レーザーによる双方向通信の実験をしました。二〇〇六年には、地上局との通信実験もしています。数万キロメートル離れてたがいに動いている人工衛星との間や、大気の影響を受ける地上との間でレーザーを使って通信をするには、レーザーの捕捉《ほそく》、追尾、指向などの技術が高い精度で求められます。

## マイクロ波か、レーザーか？

現在、研究が進められているマイクロ波による無線電力伝送の技術や、レーザーによる通信の技術は、ケーブル上を動いているクライマーにエネルギーを送り込む技術への応用も可能です。マイクロ波を使うのか、レーザーを使うのかは、それぞれの利点と欠点を考え合わせて決めます。

マイクロ波は、透過性《とうかせい》が高いので大気に乱されにくく、雲や雨に遮《さえぎ》られることなく伝わりますが、効率的にエネルギーを送ろうとすると、大きなアンテナが必要です。

レーザーは、集光性《しゅうこうせい》がいいので機器を小さくできるのですが、透過性が低いために大気に乱され、雲や雨に遮られます。

クライマーへのエネルギー伝送は、透過性が高く、機器が小さいのが理想的ですが、両方を満たすのは困難です。そこで、地表付近ではマイクロ波を使い、宇宙空間ではレーザーを使う併用方式はどうでしょうか。

大気の影響を受けるのはせいぜい高度数十キロメートルまでなので、その程度の距離ならば、マイクロ波のアンテナはそれほど大きなものにしなくてもすみます。そして、大気の影響を受けない宇宙空間に出たところでレーザーに切り替えれば、静止軌道の宇宙太陽光発電衛星からのエネルギーを比較的小さな装置で受け取ることができます。さらに、複数の衛星からレーザーを送り込むことで、十分なエネルギーを安全にクライマーに送り届けることができます。

## クライマーからのエネルギー放出

クライマーへのエネルギー供給について見てきましたが、クライマーからのエネルギー放出も重要です。エネルギーを捨てないと、クライマーは地表に下りることができません。エネルギーを使う上りに比べ、下りは簡単そうですが、宇宙空間から安全に下りるのは容易なことではありません。

前述のように、地表にある物体を宇宙空間に上げるには、物体の位置エネルギーを増やさなければなりませんでした。逆に、宇宙空間にある物体を地表に下ろすには、その膨大な位置エネルギーを、他のエネルギーに変えなければなりません。隕石《いんせき》の落下や宇宙船の大気圏《たいきけん》再突入でも、位置エネルギーを熱に変えています。

大量のエネルギーを短時間で他のエネルギーに変えるのは、危険をともないます。たとえば、プロパンガスや都市ガスはゆっくり燃やせば調理に使えますが、瞬間的に燃えると爆発になります。宇宙から地表に下りる時もゆっくり下りるほうが安全ですが、空中に支えがない宇宙船ではそういうわけにはいきません。大気圏再突入が危険な所以《ゆえん》です。安全に下りるには、相応の費用がかかります。

クライマーなら、エネルギーの放出にもケーブルという支えを頼りにできます。膨大な位置エネルギーでも、時間をかけてゆっくり他のエネルギーに変えることができるので、安全に宇宙から地表に下りることができます。

さらに、クライマーは電車やハイブリッド車の回生ブレーキと同じように、位置エネルギーの一部を電気エネルギーとして取り戻すことができます。熱はエネルギーとしての使い勝手が悪いので、宇宙空間に捨てるしかありませんが、電気エネルギーなら使えます。捨ててしまうエネルギーを少なくできれば、宇宙から下りる費用をさらに安くできます。

とはいっても、ある程度のエネルギーが熱に変わってしまうのは避《さ》けられません。原理的に、すべてのエネルギーを取り戻すことはできません。取り戻しきれなかったエネルギーは、最終的には熱として宇宙空間に捨てなければなりません。

ところが、宇宙空間で熱を捨てるのは、地上ほど簡単ではありません。真空である宇宙空間には空気がないので、対流によって熱を捨てることができないからです。ですから、宇宙空間では赤外線で熱を捨てます。たとえば、国際宇宙ステーションにも熱を捨てるための放熱板が備えられています。

クライマーにも、放熱板が取り付けられるはずです。クライマーが宇宙から地表に下りる速さは熱を捨てる速さ、つまり放熱板の大きさで決まります。放熱板が大きいほど速く下りることができますが、あまり大きいと邪魔《じゃま》になります。

クライマーに放熱板を取り付けるのではなく、ケーブルを放熱板にするというアイデアもあります。カーボンナノチューブは熱伝導率が高く、ケーブルの全長は10万キロメートルもあるので、大量の熱を捨てることができるかもしれません。

## 静止軌道ステーションの制御

熱的な制御だけではなく、ケーブルや静止軌道ステーションの力学的な制御も重要です。

ケーブルは、クライマーのコリオリ力による揺《ゆ》れを抑《おさ》えたり、人工衛星やスペースデブリを避《さ》けたりするために、制御が必要です。クライマーが速くなるほどコリオリ力も大きくなり、ケーブルが大きく振られるようになります。ケーブルの制御方法を考えておかなければなりません。

ケーブルの制御には、クライマーや静止軌道ステーションが使えます。クライマーの運動によるコリオリ力を積極的に使うことで、ケーブルの揺れを抑えることができそうです。また、静止軌道ステーションは質量が大きいので、ケーブル全体の制御を担《にな》うことができるでしょう。

静止軌道ステーション自身の制御も必要です。静止軌道ではすでにたくさんの静止衛星が使われており、静止軌道ステーションはこれら既存の静止衛星に悪影響を与えないようにしなくてはなりません。

静止衛星は放っておくと、次第に位置がずれていきます。地球から見ると、他の惑星などの引力によって上下に、太陽光の圧力によって左右に、それぞれ揺れるように動きます。さらに、地球の引力が不均一なために、東経70度か西経105度に向かって漂《ただよ》っていきます。

そのため、静止衛星では地球から見て±0・1度の範囲に入るように、位置の制御をしています。これは、静止軌道上だと約150キロメートル四方の範囲に収めることになります。

静止軌道ステーションも同じように、他の惑星の引力や太陽光圧による乱れから、位置を保つための制御をしなければなりません。地球の不均一な引力への対策としては、はじめから宇宙エレベーターを東経70度か西経105度につくることで漂っていかないようにする、という方法も考えられています。

## 海上ターミナルの制御

宇宙エレベーターの地表側の施設、海上ターミナルの制御はどうでしょうか。

海上ターミナルも、ケーブルの制御を担います。ケーブルの端《はし》という、力学的に重要な位置にあるからです。海上ターミナルに求められるのは、ケーブルの鉛直《えんちょく》方向と水平方向の制御です。

ケーブルの鉛直方向の制御は、ケーブルの長さや張力《ちょうりょく》を変えることで行ないます。ケーブルの端はブラブラしないようにしっかり押さえておかなければなりません。また、ケーブルが弛《ゆる》まないように、長さの調整も必要です。

ケーブルにはあらかじめ、クライマーの重量よりも大きな張力をかけておきます。張力がかかっていないと、ケーブルにクライマーを取り付けた時に、クライマーの重みでケーブルがずり落ちてしまいます。たとえば、浮きも沈みもせず空中にとどまっているヘリウム風船におもりを付けると、どんなに軽いおもりでも風船が落ちてきてしまうのと同じです。

大林組の提案では、ケーブルにつなげられたタンクに海水を出し入れすることで、張力を整《ととの》えることになっています。ケーブルの巻き取り機構も含めて、張力の調整法は研究課題のひとつです。

ケーブルの水平方向の制御は、海上ターミナルを海面上で動かすことで行ないます。ロープの端を振ると波がロープを伝わっていきますが、これと同じ原理です。ケーブルの端にある海上ターミナルを動かすことで、ケーブルの動きを操《あやつ》ります。意《い》のままに操るには、海上ターミナルは海面を精度よく動けることが求められます。

海面を精度よく動かす方法は、地球深部探査船「ちきゅう」が参考になります。二〇〇五年に完成した「ちきゅう」は、水深2500メートルの深海で海底下7000メートルを掘り抜くことができる、世界最大の科学掘削船です。近くで見ると、倉庫や工場に見えるほどの大きさです。

「ちきゅう」は、海面上の一点にとどまることも、動き回ることもできます。深い海底を掘り進むには、海底の穴の真上《まうえ》に正確にとどまる能力が求められます。GPS（全地球測位システム）などで測った位置をもとに、推進方向を360度変えられるスクリュー6機で船体を半径15メートルの範囲内に保ち続けます。また、強力な推進機により最大スピードは時速約22キロメートルと巨体に似合わず俊足です。

これらの技術を使うことで、海上ターミナルは、海面を自在に動き回り、ケーブルの制御をすることができるでしょう。荒天時には、俊足を活《い》かして海上ターミナルを嵐などから守ることもできます。

## 地上での実験

これまで見てきたように、宇宙エレベーターの実現には難しい課題がいくつもあります。課題は他にもあります。たとえば、最初のケーブルを打ち上げるロケット、静止軌道ステーションの構造、成層圏や地表付近での強風に対するケーブルの安定性の確保、ケーブル破断などの重大事故時の緊急脱出法の確立などが挙げられます。

しかし、難しいからといって手をこまねいていては、宇宙エレベーターの実現は近づきません。未来はやってくるものではなく、つくるものです。できることから始めなければ、未来をつくることはできません。

挑戦のひとつとして、たとえば、クライマーの競技会が世界各地で開かれています。クライマーといっても、まだ人は乗れない無人機での競技ですが、さまざまな技術の向上を支える場として、重要な役割を担っています。

いち早く競技会を開いたのはアメリカです。二〇〇五年から二〇〇九年まで、二〇〇八年を除く4回、NASAの支援を得て開かれました。サーチライトで照《て》らすなどして、クライマーの外からエネルギーを与えてケーブルを上らせる競技です。二〇〇九年には、ヘリコプターから長さ1000メートルのケーブルを吊《つ》り下げて行なわれました。しかし、NASAからの支援が途絶《とだ》えてからは開かれていません。

**写真2　宇宙エレベーターチャレンジ**

2014年8月、静岡県富士宮市《ふじのみや》で開催された第6回宇宙エレベーターチャレンジ。クライマーの昇降高度1200メートルの2回連続昇降などが記録された

ヨーロッパでは、二〇一一年と二〇一二年にミュンヘン工科大学で開かれました。ケーブルの長さは50メートルと短いのですが、バッテリーを積んだクライマーに規格が定められた荷物を積み、エネルギー効率を競《きそ》いました。

現在、本格的な競技会が毎年開かれているのは日本だけです。二〇〇九年から、宇宙エレベーターチャレンジ（旧称・宇宙エレベーター技術競技会）——テープ状とロープ状のケーブルをヘリウム風船で持ち上げ、バッテリーを積んだクライマーで上り下りする競技——が開かれています（写真2）。

二〇〇九年に高度150メートルで始まり、毎回、高度を上げていき、二〇一三年には高度1200メートルを成《な》し遂《と》げ、アメリカの記録を破りました。参加者は大学の研究室や社会人の有志《ゆうし》で、時速100キロメートルでケーブルを上る機体や、エレベーターの1人分の標準質量と定められている65キログラムのおもりを持ち上げることができる機体など、多様なクライマーで挑《いど》んでいます。

**宇宙での実験**

地上だけではなく、宇宙でも実験が始められています。

大林組、静岡大学、JAMSS《ジャムス》（有人宇宙システム株式会社。第4章で詳述）は、国際宇宙ステーションでカーボンナノチューブを宇宙環境に曝《さら》す実験をしています。前述のように、カーボンナノチューブはケーブル材料の最有力候補ですが、宇宙空間でどのような影響を受けるのかはよくわかっていません。

この実験では、カーボンナノチューブを糸にした試験体を国際宇宙ステーションの日本の実験棟「きぼう」（79ページの写真3）の船外実験プラットフォームに1年から2年置いたままにします。その後、地球に持ち帰り、強度などを調べることで、宇宙環境での放射線や原子状酸素、紫外線などの影響を調べる予定です。最初の試験体は二〇一五年に打ち上げられ、実験が進められています。

また、静岡大学では、超小型衛星を使ったプロジェクト・STARS-Cを進めています。STARS-Cは宇宙でケーブルを伸ばす技術の実証実験で、ふたつの機体の間に合成繊維のケーブルを伸ばす計画です（図表3）。JAXAが募《つの》った超小型衛星のひとつとして、二〇一六年度中にも「きぼう」から宇宙空間に放たれる予定です。

さらに静岡大学では、宇宙空間で伸ばしたケーブルに沿ってクライマーを動かす、STARS-Eという計画も進めています。

**図表3 実証実験**

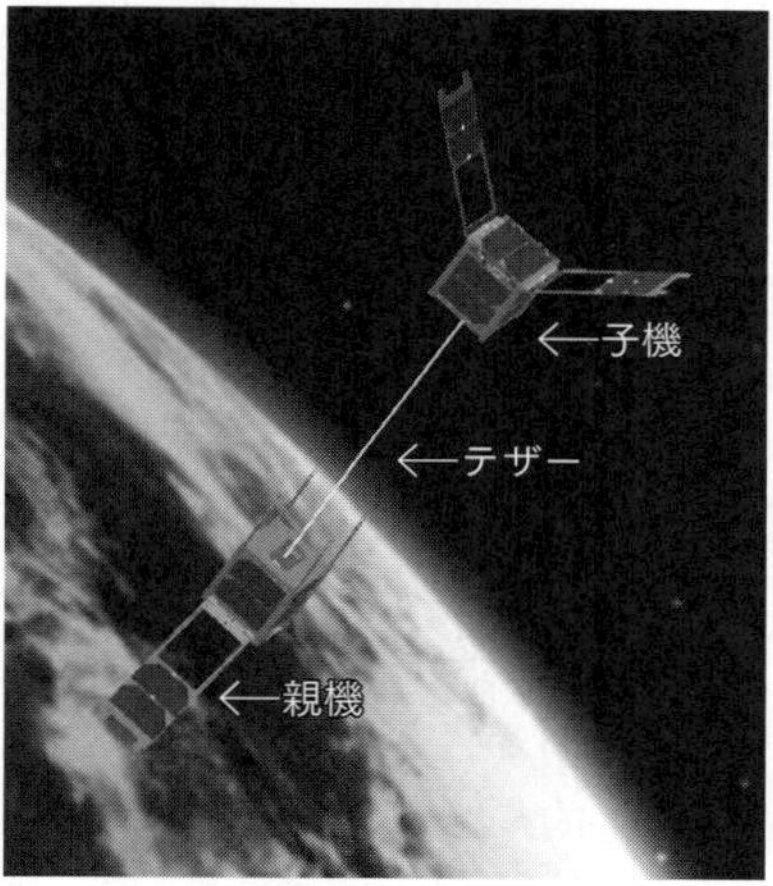


人工衛星の親機と子機の間に合成繊維のケーブル（テザー）を伸ばし、強度を検証する

## 宇宙エレベーターの実現時期

では、宇宙エレベーターの実現はいつになるのでしょうか。本章の冒頭で、宇宙エレベーターの建造期間を20年としました。ただし、これにはケーブルの開発期間が含まれていません。ケーブルの素材が手に入るのがいつ頃で、実用的なケーブルの開発にどのくらいかかるのかを考えてみましょう。

宇宙エレベーターのケーブルに求められる素材を手にするには、ブレイクスルーが必要です。ブレイクスルーとは、技術の飛躍的な進歩のことです。

ブレイクスルーの特徴は、いつ起きるかの予測がつきにくいことです。技術の進歩が連続的な場合、予測は比較的簡単です。たとえば、ムーアの法則があります。これは、半導体の集積密度は1年半から2年で倍に増えるというもので、実際の進歩をよく表わしていました。半導体の技術水準がムーアの法則で予測可能だったのは、一九七〇年代からの進歩が連続的だったからです。

しかし、いつまでもムーアの法則が成り立つわけではありません。半導体の製造には物理的な限界があるので、いつかは進歩が止まります。そうなると、ブレイクスルーによる、まったく新しい技術が現われるのを待つことになりますが、それがいつ起きるのかは、予測ができません。

宇宙エレベーターのケーブルの素材にブレイクスルーが必要だということは、いつケーブルの素材が手に入るのかは予測がつかない、ということになります。

では、実用的なケーブルの開発には、どのくらいの期間が必要でしょうか。ブレイクスルーが起きてケーブルの素材が手に入ったとしても、すぐに宇宙空間で使うことはできません。実際に使うケーブルの開発には、さまざまな試験を積み重ね、技術的な信頼性を十分高めなければならないので、時間がかかります。

これまでの宇宙開発の流れを参考にすると、10年から20年はかかるのではないでしょうか。人類は、一九四二年にはじめて宇宙空間に手が届いてから（142ページ）、27年で月に立ちました。初期の宇宙開発の状況がそのまま宇宙エレベーターにあてはまる根拠はありませんが、工学的な技術の向上ととらえると、技術は20年程度でかなりの段階まで進むと考えても、それほどまちがってはいないでしょう。

最近の民間企業による宇宙開発の進み具合を見ると、もっと短い期間でできるのかもしれませんが、ここでは、素材が手に入ってから実用的なケーブルが手に入るまでの開発期間を20年としてみます。

実用的なケーブルが手に入るまでの開発期間20年に、前述の宇宙エレベーターの建造期間20年を加えると、ケーブルの素材が手に入ってから宇宙エレベーターの完成まで40年ということになります。

もし、二〇一六年にカーボンナノチューブの長尺化でブレイクスルーが起きたとすると、宇宙エレベーターの完成は二〇五六年ということになります。ちなみに、経済産業省による「技術戦略マップ2009」には、カーボンナノチューブの応用のひとつとして宇宙エレベーターの実現が二〇五〇年頃との記載があります。

もちろん、二〇五六年という予測に確たる根拠はありません。そもそも、ブレイクスルーがいつ起きるのか、わかりません。だからといって、ブレイクスルーを待っていればいい、ということではありません。宇宙エレベーターの技術は先手総取《せんてそうど》りであり、最初の1本目が肝心《かんじん》です。ブレイクスルーが起きてから、宇宙エレベーターの技術的な検討を始めたのでは遅いのです。

宇宙エレベーターは原理的に実現可能なアイデアです。超光速航行のような、自然科学に真《ま》っ向《こう》から挑《いど》むアイデアとは異なります。しかし、アイデアが実現可能であることと、そのアイデアを形にすることとは異なります。

宇宙エレベーター構想は紙上の計画ですが、宇宙エレベーターは実体のある構造物です。誰かが実現に向かって進まなければ、形にはなりません。

『楽園の泉』を書いたクラークはのちに、「宇宙エレベーターは誰も笑わなくなってから50年後に実現する」と述べています。この言葉と、宇宙エレベーターを話題にしても笑われることがなくなってきた現状を胸に刻《きざ》み、ブレイクスルーに備えたいと思います。

# 第3章

# 宇宙空間の法律と安全保障

## 地上の法律、宇宙の法律？

前章では技術的な課題について見てきましたが、宇宙エレベーターの実現には社会的な課題の解決も必要です。社会的な課題としては法規、資金、安全保障などが挙げられます。はじめに、法規的な課題から見ていきましょう。

宇宙エレベーターにかかわる法律で問題になるのが、宇宙エレベーターは地表の構造物なのか、それとも人工衛星のような宇宙の構造物なのか、です。地表から立ち上がっている高い塔ととらえるなら地上の法律にしたがうことになるでしょうが、長さ10万キロメートルの長い静止衛星ととらえるなら宇宙の法律にしたがうことになるでしょう（次章で詳述）。

地上の法律にしたがうなら、宇宙エレベーターが立っている場所が領土や領海なのか、排他的経済水域なのか、公海なのか、によって事情が異なります。

どこかの国の領土や領海につくられた場合は、もちろん主権国の法律にしたがうことになります。排他的経済水域につくられた場合は、その国の経済的な主権がおよぶことが、「国連海洋法条約（正式名称・海洋法に関する国際連合条約）」によって定められています。

公海につくられた場合は、特定の国の主権がおよぶことはありません。公海の自由は、人類共同の財産として国連海洋法条約で定められています。もちろん、自由といっても何をしてもいいというわけではありません。他国の利益や権利を脅《おびや》かすようなことをしてはならないことになっています。

いずれにしても、地上の法律にしたがうなら、今の法的な枠組みの範囲内で始末がつきそうです。しかし、宇宙の法律にしたがうとなると、すこしやっかいです。実は、宇宙空間の利用については、しっかりとした法律がまだありません。そのため、いろいろと問題が起こる可能性があります。

## 国際宇宙法

宇宙空間の利用を定めているのが、国際宇宙法です。国際宇宙法とは「宇宙条約」「宇宙救助返還協定」「宇宙損害責任条約」「宇宙物体登録条約」「月協定」という、五つの条約・協定のことです（次章で詳述）。条約・協定ということは国や国際機関の間の取り決めですから、個人や企業がしたがわなければならない法律とは性質が異なります。

今のところ、宇宙には個人や企業がしたがわなければならない法律はありません。どこからが宇宙なのかも法的には決まっていない状況です。法的には決まっていませんが、目安がないのは不便なので、FAI（国際航空連盟）では高度100キロメートル以上を、FAA（アメリカ連邦航空局）では高度80キロメートル以上を、それぞれ宇宙と定めています。

法律が整《ととの》っていないことで、面倒なことも起きています。一九七六年に赤道直下の8カ国――ブラジル、コロンビア、コンゴ、エクアドル、インドネシア、ケニア、ウガンダ、ザイール（現・コンゴ民主共和国）――が、静止軌道は自国の領域の延長で法的な管轄権がおよぶ、という「ボゴタ宣言」を出しました。どこからが宇宙なのかが決まっていないことを逆手《さかて》に取った主張でした。もっとも、この主張は国際的な支持を得ることができず、今では法的な論争もほとんどされていません。

宇宙の法律がないのは困りものです。宇宙エレベーターだけの問題ではありません。これまでの宇宙開発のように、宇宙での活動が常連国に限られているなら、関係者間での調整や個別の対処ですむかもしれません。しかし、近年、宇宙での活動がさかんになり、民間企業も含めた新規参入が増え、多くの組織がかかわるようになってきました。宇宙空間の利用にかかわる法律の整備が望まれます。

二〇一五年十一月、アメリカのオバマ大統領は「二〇一五年宇宙法」に署名をしました。この法案には、アメリカ人やアメリカの企業に宇宙資源の商業利用を認める条項が含まれています。宇宙条約との関係や各国の反応など、今後の動向が気になるところです。

### 静止軌道の割り当て

法律が整っていないので、各国の宇宙機関や国際機関が、宇宙での活動に関するさまざまな調整をしています。

たとえば、静止衛星を打ち上げるには、ＩＴＵ（国際電気通信連合）から、通信に使う電波の周波数と、軌道上の位置を割り当ててもらわなければなりません。静止軌道は高度と軌道傾斜角《けいしゃかく》が決まっているので、軌道上に置くことができる衛星の数に限りがあります。静止衛星を無秩序に打ち上げると、衝突などの恐れがあるためです。

宇宙エレベーターも、静止軌道上に位置を割り当ててもらわなければ、つくることができません。静止軌道上の位置の割り当ては放送衛星を除いて、先着優先方式です。しかも、静止軌道は混み合っているので、将来的に静止衛星を使う計画があるなどの理由で割り当てを受けたとしても、7年以内に使い始めなければ権利を失います。

どのようにして軌道位置の割り当てを受けるかは、宇宙エレベーターの実現に向けた課題のひとつです。

**総工費**

次に、資金的な課題を見ていきましょう。

宇宙エレベーターの建造費は莫大《ばくだい》な金額になるでしょう。想定によって規模が異なることや、ケーブルにかかる費用が読めないことなどから、具体的な金額を示すのは難しいですが、数兆円という試算もあります。

巨額の資金を要する事業としては、大きな社会資本の整備を挙げることができます。宇宙エレベーターは鉄道になぞらえることができるので、鉄道の整備を参考にしてみます。

たとえば、北陸新幹線の事業費は高崎《たかさき》・長野《ながの》間が8000億円、長野・金沢《かなざわ》間が1兆8

000億円で合計2兆6000億円。北海道新幹線は二〇一六年開業の新青森《しんあおもり》・新函館北《しんはこだてほく》斗《と》間が5000億円、二〇三〇年度末開業予定の新函館北斗・札幌《さっぽろ》間が1兆7000億円で合計2兆2000億円。超伝導リニアモーターカーを走らせる中央新幹線では、二〇一四年に工事が始まった品川《しながわ》・名古屋《なごや》間が5兆5000億円、名古屋・大阪《おおさか》間が3兆5000億円で合計9兆円の計画です。完成時期は異なりますが、だいたい数兆円規模の事業と考えていいでしょう。

このような例を見ると、数兆円という事業費だけを考えるなら、宇宙エレベーターを社会資本の整備としてつくることは、不可能ではなさそうです。

問題は、誰がその事業費を引き受けるのかです。北陸新幹線や北海道新幹線のような整備新幹線は3分の2を国が、3分の1を地方自治体が出すことになっています。中央新幹線の工事費は、JR東海が出すそうです。

## 国際協力プロジェクトの場合

では、宇宙エレベーターの場合、国家プロジェクトとして、ひとつの国が建造費を引き受けることができるでしょうか。

残念ながら、ひとつの国で賄《まかな》うのは難しそうです。

たとえば、アメリカが単独で行なったアポロ計画は12年間で総額200億ドルを超える事業でした。当時の為替レート、1ドル＝350円で換算すると、なんと7兆円です。さすがに、莫大な支出に対して支持が得られず、20号までの計画が17号で打ち切られてしまいました。情勢の推移にもよりますが、これほど大きなプロジェクトをひとつの国で賄うことは、そうそうできることではありません。

ひとつの国では難しいのなら、国際協力や国際機関ではどうでしょうか。国際協力でつくる場合、事業に参加国を募《つの》り、国ごとに役割と出資額を割り当て、それをもとに利用枠を決める方法が考えられます。国際宇宙ステーションの建造と運用が、このような国際協力で行なわれています。

国際宇宙ステーション（写真3）は、アメリカ、カナダ、日本、フランス、ドイツ、イタリア、イギリス、ベルギー、スペイン、スイス、オランダ、スウェーデン、ノルウェー、デンマーク、ロシアの15カ国が協定を結んでいます。そして、協定にもとづいて費用

**写真3　国際宇宙ステーション**

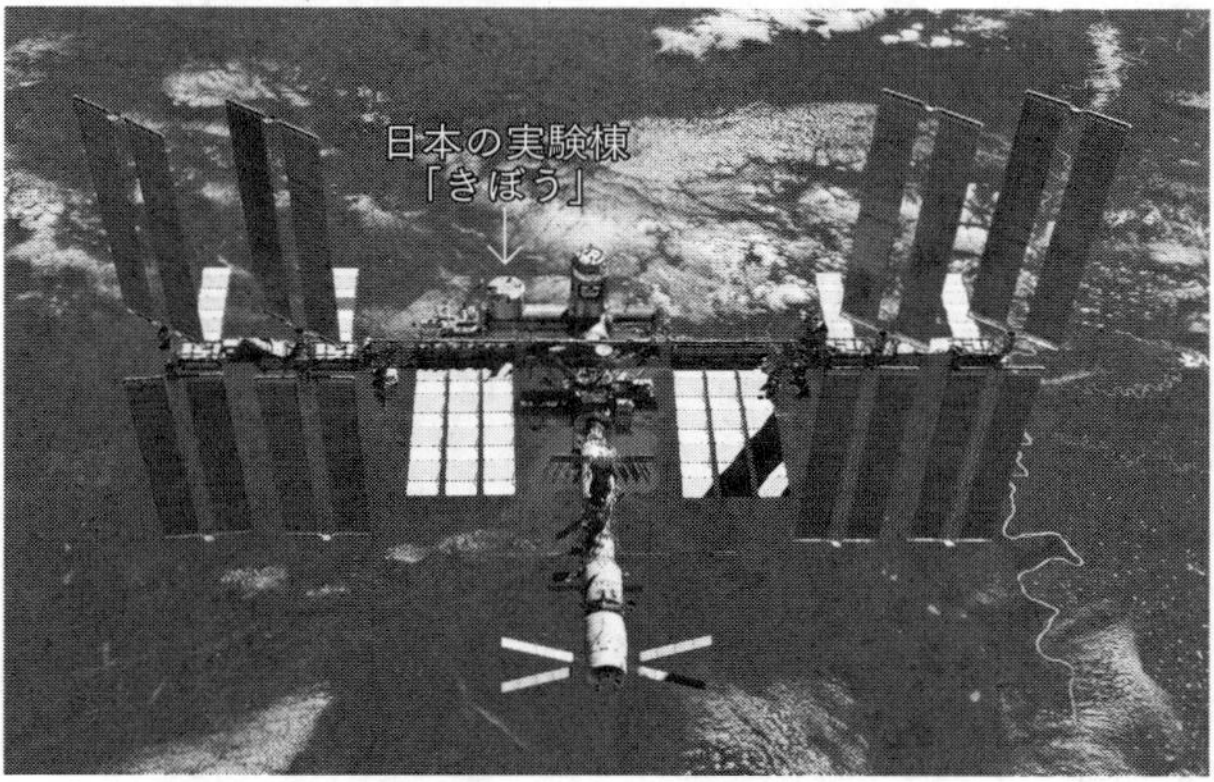


2011年3月、スペースシャトルのディスカバリーから撮影

などの負担をし、負担割合に応じて利用権が割り当てられます。

たとえば、実験棟「きぼう」は日本の施設ですが、電力などをアメリカなどに頼っているので、すべてを日本が使えるわけではありません。日本の利用権は51パーセントです。

また、日本は宇宙飛行士による作業時間の使用権と宇宙飛行士の搭乗権として、ロシアを除いた国際宇宙ステーション全体の12・8パーセントの配分を受けています。

宇宙エレベーターが国際機関によってつくられる場合も、似たような状況になるでしょう。

## 投資会社によるプロジェクトの場合

では、投資会社はどうでしょう。

宇宙エレベーターに投資先としての魅力があれば、投資家から資金を得ることができます。問題は、利益を上げるまでの期間です。投資家は比較的短期間で利益を求める傾向があり、建造期間が20年にもなる宇宙エレベーターへの投資は厳しいかもしれません。

投資を呼び込むには、完成前から利益を上げる方法を考えておくべきです。たとえば、スペインの教会サグラダ・ファミリアが参考になります。サグラダ・ファミリアは、一八八二年から工事が始まり、完成まで300年はかかると言われていました。日本の技術が入ることで完成が大幅に早まり、二〇二六年には完成予定とのことですが、未完成の現在でも、毎年300万人の観光客を集めています。宇宙エレベーターも、建造中の見学ツアーや海上ターミナルのリゾート化など、観光客を集める方法はいろいろありそうです。

資金を集める別の方法に、クラウドファンディングがあります。インターネットを通じてたくさんの人たちにプロジェクトに対する資金提供を呼びかけるという、ソーシャルネットワークを利用した資金調達方法です。

クラウドファンディングは1人が出す金額は少なくても、広く出資を募《つの》ることができるのが最大の魅力です。大勢の有志《ゆうし》から資金を集めることができれば、大きな金額になることもあります。実際に、1000万ドル、12億円以上を集めたプロジェクトもあります。

今、世界の人口は73億人です。先進国に限っても12億人と言われています。たとえば先進国の人々が1人あたり10ドルずつ出したとすると、120億ドル、1兆4000億円になります。世界中の人々から賛同を得ることができれば、まとまった金額を集めることができるかもしれません。

それに、クラウドファンディングは宇宙エレベーターにふさわしい資金調達の方法です。人類の本格的な宇宙進出の礎《いしずえ》となる宇宙エレベーターを世界中の人々が支える、という構図は、象徴としても、安全保障としても最適です。説得力あるプレゼンテーションの準備をしておきたいものです。

## 宇宙空間における安全保障

次に、安全保障について考えてみます。

宇宙エレベーターができると、軍事目的で宇宙空間を使おうとする国が出てこないとも限りません。宇宙条約には平和利用の原則が定められてはいますが、すべての国が条約に加わっているわけではなく、条約で定められている内容もさまざまな解釈が可能です。宇宙エレベーターじたいは平和目的だとしても、安全保障は必須でしょう。

軍事目的で宇宙空間を使おうとするのは、国だけに限らないかもしれません。たとえば、宇宙エレベーターがテロの標的になる可能性があります。二〇〇一年のアメリカ同時多発テロで標的にされたワールドトレードセンターのツインタワーを引き合いに出すまでもなく、象徴的な存在はテロリストに狙《ねら》われやすいのです。また、宇宙エレベーターを使って、地表の標的を狙うことも考えられます。

破壊工作やハイジャックなど、宇宙エレベーターの施設やクライマー内からの攻撃に対しては、現在の空港や航空機の保安検査が参考になるでしょう。現在の保安検査は、過去のハイジャックなどの反省をもとにつくり上げられてきました。その経験は重んずべきです。乗客や積荷の検査については、現在の有人宇宙飛行に近い水準での安全性が求められるでしょう。

宇宙エレベーターの施設やクライマーなどの秩序維持と安全確保のために、警察的な組織は必要になるでしょう。ただし、宇宙エレベーターが公海上につくられ、民間企業が運用を担っているような場合、国家の統治権にもとづく治安維持は難しいでしょう。民間の警備会社に頼る場合、どの程度の権限を与えるのかについて検討が必要です。

困るのが、地表からの攻撃です。これは軍事力で防ぐしかありませんが、防御は攻撃よりずっと困難です。特に宇宙エレベーターの場合、地表部分は周囲に遮《さえぎ》るものがない海上です。このような状況で、いつ、どこから、どのように攻めてくるかわからない、しかも存在さえ明らかではない敵に備えるにはどうしたらいいのか。いずれにせよ、本格的な武装集団に本気で狙われたら、攻撃を防ぐことはほぼ不可能でしょう。

宇宙エレベーターの安全は、国際社会による集団保障に頼るしかなさそうです。国際機関がつくるにしても、民間企業がつくるにしても、武力に頼らない安全保障を考え、世界各国や関係者と時間をかけて、ていねいに信頼関係を築《きず》いていくしかないと思います。そう考えると、宇宙エレベーターじたいが武力を持つことは、たとえそれが抑止のためだとしても、望ましくないでしょう。

宇宙へのゲートウェイとしての宇宙エレベーターに、武力は似つかわしくありません。人類が宇宙に向かって困難を乗り越えていこうという時に、人類どうしで内輪揉《うちわも》めをしている場合ではありません。地表のしがらみを宇宙に持ち出さないためにも、宇宙エレベーターの運用は、ぜひ丸腰《まるごし》でお願いしたいものです。

## ＩＡＡで検討開始

宇宙エレベーター実現に向けた第一歩として、国際協力での宇宙エレベーターの実現に向けた検討がＩＡＡ（国際宇宙航行アカデミー）で始まっています。ＩＡＡは、宇宙科学全般の研究に携《たずさ》わる世界中の研究者などから選ばれた会員から成る組織で、国連によって非政府組織として認められています。

ＩＡＡ宇宙エレベーター検討委員会では、宇宙エレベーターの技術的な実現可能性の評価をして、二〇一三年に報告書を出しました。これをもとに、ＩＡＡでは、二〇一四年に宇宙エレベーター常任委員会の設置を決めました。

このことは、ＩＡＡが、宇宙エレベーターの実現に向けて、各国の宇宙機関や産業界なども力を合わせていくことを示しています。

宇宙エレベーターの実現に向けて、人類全体として宇宙空間をどう使っていくのか、宇宙にどう乗り出していくのかについて、世界中の多くの人が考えていく環境を整《ととの》えることが求められています。合意の形成には時間がかかります。今から問題点を洗い出し、解決に向けて知恵を出し合っておくことは、けっして無駄にはならないでしょう。

# 第4章

# 特別インタビュー

## 大林組・石川洋二《いしかわようじ》

前章までに、宇宙エレベーターとは何か、その構想や構造などを述べてきました。本章では、宇宙エレベーターが現実に動き始めていることを、3名のインタビューを通して見ていきます。具体的には、宇宙エレベーターの実現性、有用性、課題を探ります。

最初は、CSR（企業の社会的責任）の一環として、宇宙エレベーター構想を立ち上げた株式会社大林組に勤務する石川洋二さん（エンジニアリング本部環境技術第二部上級主席技師、宇宙エレベーター要素技術実証研究チーム幹事。写真4）です。

### 究極のタワー

――大手ゼネコンの大林組と宇宙エレベーターとは意外な取り合わせです。なぜ御社は宇宙エレベーター構想を立ち上げたのですか？　また、石川さんがかかわるようになったきっかけを、経歴を含めて教えてください。

**石川**　私は一九七八年、東京大学工学部航空学科を卒業後、同大学院に進み、工学博士の学位を取得しました。その後、一九八四年に渡米、レンセラー工科大学やNASAエイム

**写真4 大林組・石川洋二さん**

本社内のパネル前にて

ズ研究所で宇宙生物学の研究をしました。そして日本に戻り、宇宙に行く研究をしたくて大林組に入社しました。一九八九年のことです。

当時、日本はバブル経済による空前の好況で、ゼネコンでは宇宙関係の部署が次々に設けられていました。小社にも月面基地や火星基地、宇宙ステーション建設といった宇宙関連の構想がありました。しかし、バブル経済が崩壊すると、一九九〇年代半ばには宇宙関係の部署がなくなり、宇宙関連の構想は一気にしぼんでしまいます。

ところが、小社が東京スカイツリーを建設した時、それに関連して宇宙エレベーター構想が持ち上がったのです。私はテーマの選定にかかわっていないのであくまでも推測ですが、「世界で一番高い自立電波塔の東京スカイツリーをさらに超える究極のタワーとは何か？　それは宇宙エレベーターだ」と、なったようです。

そして二〇一一年、小社CSR室が編纂《へんさん》する「季刊大林No.53」の誌上で宇宙エレベーター構想を検討することになり、そのプロジェクトチームに呼ばれたことが、私が宇宙エレベーターとかかわるようになったきっかけです。

――宇宙エレベーター構想をどのように感じましたか？

石川　思い切った決断だと思いましたが、正直なところ、本当にできるのか疑問でした。宇宙エレベーターは普通の建築物とは違います。飛躍的でチャレンジングなテーマであり、建設会社がかかわれる範囲を超えているのではないか、手を出すのはおこがましいのではないか、とも思いました。

――実用化を目指し、どのような活動をされていますか？

石川　宇宙エレベーター実用化のために必要な技術は数多くありますが、主なものを挙げれば三つあります。ひとつはケーブルの資材になる可能性が高いカーボンナノチューブ、ふたつ目はクライマーのメカニズム、三つ目はクライマーにエネルギーを送る技術です。それに合わせて、研究開発チームには、カーボンナノチューブに関連する材料系、クライマーに関連する機械系、エネルギー関係、構造関係、設計関係など、20代から60代の10名程度がおり、研究をしています。また、体制づくりのため、国内では日本航空宇宙学会の委員会に出たり、海外ではＩＡＡ（国際宇宙航行アカデミー）の研究グループに参加したりしています。

## 目標は二〇五〇年完成

――大林組では宇宙エレベーターの実現を二〇五〇年と想定しています。まだ実用的なケーブルが開発されていないのに、実現時期の見積もりは難しいと思うのですが……。

石川　ご指摘の通りです。ケーブルの開発など、すべきことがたくさんありますし、宇宙に関する法律や国内外の体制整備なども考えると、運用時期を見積もる段階ではないと重々《じゆうじゆう》承知しています。

いっぽう、技術の進展を待つだけではいつまで経《た》っても実現しない、との危惧《きぐ》もあります。たとえば、カーボンナノチューブのメーカーへのヒアリングでは、「長くしよう」というインセンティブはあまり感じられません。このままでは、何十年経ってもブレイクスルーは期待できない。しかし、目標を示せば関係者の士気《しき》が高まり、予算がつくかもしれません。

その目標は100年先と言ったら間延《まの》びしすぎて誰もついてこないし、逆に近すぎても非現実的です。つまり、二〇五〇年という時期の設定は関係者のモチベーションに火をつけるためのトリガーという意味合いもあるのです。逆にトリガーが一度引かれれば、人間にはその期間でやれる能力があると私は信じています。

では、なぜ二〇五〇年なのか。

宇宙エレベーターの施工に何年かかるかを見積もったところ、最初の打ち上げからケーブルが完成するまで約20年。アースポートなど地上施設の建設もそれ以前に5年は必要ですから、合わせて25年となります。すると、二〇二五年から地上の建設、二〇三〇年からケーブルをつくり始めるというスケジュールができ上がります。

もちろん、二〇五〇年に確実に完成するのではなく、関係者ががんばれば二〇五〇年に完成できる可能性があるということです。

## 求められるブレイクスルー

――ポイントはケーブルだと思うのですが、テープ状のケーブル形状を想定しているのは、エドワーズ・モデル（35ページ）を参考にされているからですか？

**石川**　小社の構想は、基本的にエドワーズ・モデルに沿っています。ロープ状ケーブルも検討しましたが、クライマーが上《のぼ》りやすく、小天体などの被害にも強いテープ状でやろうと初期の段階から決めていました。ただ、ケーブルの強度計算などは基本的に断面積《だんめんせき》だけの話ですから、どんな形状でもかまいません。また、テープは風の影響を受けやすく、流されやすいので、ケーブルの形状についても、まだ検討の余地が残っていると感じます。

テープでもうひとつ考えなければならないのが、補強方法です。われわれのプランでは、最初の打ち上げ段階で20トンのケーブルを、最終的には7000トンのケーブルにしなければならず、補強が欠かせません。そのためには、幅は決めておいて厚みだけを増していく補強方法しかないと考えています。

——ケーブルを長くするために、カーボンナノチューブを共有結合（ふたつの原子の間でおたがいに電子を共有することにより安定する結合）でつなぐのは難しいですか？

石川　それは、われわれの技術の範疇《はんちゅう》からはずれるので、材料メーカーに検討していただかなければなりません。そもそも、10万キロメートルのカーボンナノチューブを1本でつくることは不可能ですから、短いものをつなげる技術が必要です。その意味で、カーボンナノチューブを縦方向につなげる技術がないと難しい。そこをクリアできるか、できないか、私には判断できませんが、宇宙エレベーター構想を実現させるためには、現在の技術から二、三のブレイクスルーが必要ではないかと思います。

**その実現性**

——技術面から見た、宇宙エレベーターの実現性はどうですか？

石川　率直に申し上げて、かなり難しいと思います。宇宙エレベーターを建設するために、仮に100の技術が必要だとしたら、現在は1か2。まだその段階です。しかし、完全に不可能とされたわけでもないので、実現性を検討する意義はあります。

宇宙エレベーターに必要な技術は、宇宙エレベーターに使われるものだけではありません。たとえば、カーボンナノチューブは軽く、通電性《つうでんせい》が高いため、送電線も銅線からカーボンナノチューブにすべて置き換わることも考えられます。そうなれば、社会的なインパクトは相当強いでしょう。

また、電子部品がたくさん使われている最近の自動車は、ワイヤーハーネス（配線）が重いのですが、カーボンナノチューブを使えば軽くなり、燃費《ねんぴ》も向上します。さらに、宇宙船や飛行機の機体、自動車の車体にカーボンナノチューブを使うと、軽量化をはたすとともに、強度を高める可能性もあります。このように、カーボンナノチューブは宇宙エレベーター以外でも、期待される物質なのです。

――さまざまなところでカーボンナノチューブが使用されると、コストも下がります。

**石川**　社会に普及し、民間産業で使われ、マーケットが拡大すれば、製造コストが安くなり、カーボンナノチューブに対する信頼性も高まります。逆に言えば、そのような状況にならない限り、宇宙エレベーターの建設資材としては使えません。

ただ、私たちは宇宙エレベーターのケーブル資材を、カーボンナノチューブに限定しているわけではありません。現在、ダイヤモンドファイバーなどの炭素でありながら構造的に異なるファイバー、さらに、有機系なので宇宙で使えるかどうかわかりませんが、蜘蛛《くも》の糸のような資材も日本で開発されています。炭素繊維も、極限まで強度を高められるのであれば、宇宙エレベーターの資材として使えるかもしれません。

したがって、現在はカーボンナノチューブのブレイクスルーを待ついっぽう、それ以外の材料も排除しないというスタンスです。

――「季刊大林No.53」には静止軌道以外にもいくつか施設が掲載されていますが、ケーブル上の施設についてはいかがですか？

**石川**　静止軌道ステーションは外に飛び出そうとする力（遠心力）と、地球に落下しようとする力（重力）のつり合いが取れているため、ケーブルとつなぐ必要はありません。しかし、静止軌道ステーション以外の施設は、その高度を維持するためにケーブルにぶら下げなくてはなりません。すると、ケーブルの負担が大きくなるので、あまり大きな施設はつくれないのです。

図には、火星連絡ゲートや月重力センターなどが示されていますが、それは、この高度にこのような施設がつくれますよ、という紹介的な意味合いが強い。単に静止軌道に行くだけではなくて、他にもいろいろな機能が考えられます、ということです。

——図では、地表側のアースポートが海底に係留されていますが、動かさないのですか？小天体やスペースデブリをよけるためにアースポートが動き回れるほうがいいのではないでしょうか？

**石川**　いいえ、動きます。というより、動かすために海上につくるのです。ただ、一度場所を決めたらケーブルはいつでも切断できるようにしながら、海底につなぎ止めます。そして、どうしても動かさなければいけない時、たとえばアースポートをつないだ海底の環境や生態系に悪影響を与えている時などは動かします。基本的には半固定だけど可動、というイメージです。

また、アースポートへのアクセスを海中トンネルにしているのは、ある程度アースポートの動きに追随できるからです。海上の橋は動かせませんが、海中トンネルならある程度動かせます。

——すると、ケーブルの運動制御は別に行なうのですか？

石川　スラスター（補助的な推進装置）で動かすか、あるいは最近わかってきたのですが、クライマーの上り下りで生じるコリオリ力（27ページ）でかなり動かせます。コリオリ力は東西方面だけしか生じませんが、クライマーの速さを変えればコリオリ力の大きさも変わるので、ケーブルをかなり制御できるのではないか、とイメージしています。

## プロジェクト成功のカギ

――技術面以外の課題はありますか？

石川　法律と体制です。宇宙エレベーターは、海、陸、空、宇宙が全部かかわる構造物であり、法整備は必須です。また、プロジェクトの進め方については、たとえばリニア新幹線や宇宙太陽光発電などが参考になると思います。

――宇宙エレベータープロジェクトに、民間企業がかかわると思いますか？

石川　民間のプロジェクトか、国のプロジェクトか、国際的なプロジェクトか、いずれになるか、これはまったくわかりません。ただ、これまでの例を見ると、国や国際的なプロジェクトではなかなか物事がはかどらないこともある。やはり、なんらかの経済的なメリットがないと進まないので、民間主導でも不思議ではありません。

その時にカギになるのは、イーロン・マスク氏（アメリカの起業家。二〇〇二年に宇宙船開発のスペースX設立）などの大金持ちです。大きなプロジェクトはなかなか動かない。富裕層や投資家が動いて、はじめて利益をもたらすかわからないプロジェクトが動く――そのようなイメージです。実際に、今アメリカでは民間がロケットを打ち上げています。

――宇宙エレベーターが実現することにより、「このようなビジネスが生まれます」という提案をしていかなければいけませんね。

**石川**　きちんと経済原理に乗せる必要があります。試算では、ロケットに比べて宇宙エレベーターの輸送コストは100分の1になると言われています。そういう交通手段、輸送手段が実現すれば、いろいろなことができるようになるでしょう。

そのひとつは、誰もが夢見る話ですが、人が安価に宇宙に行けるようになる。ふたつ目はエネルギーで、宇宙太陽光発電衛星を宇宙エレベーターでつくる。宇宙エレベーターで安く運べば、宇宙太陽光発電のネックと言われる輸送費が解決できます。あとは宇宙の資源利用です。地上から宇宙に出て行くコストが安いということは、逆に宇宙から、たとえば小惑星の資源を地上に持ち帰るコストも安くなります。
いずれにしても、25年間もの長期のプロジェクトですから、どれだけのファイナンスが必要で、どれだけの利益を出すかということは、当然考えておかなければならない問題です。

## 宇宙エレベーターができたら？

――最後に、宇宙エレベーターができたら、何をしてみたいですか？

石川　新たな冒険の地でもあり、憧れの場所でもある火星に行きたいですね。火星は地球とよく似た星で、かつて生命が生まれた可能性があり、将来的に人間が移住できるかもしれません。私は中学生の頃、アポロ計画で人が月面を歩いているのを見て、衝撃を受けました。そして、月に行けるのなら、火星を人が歩いたり、住んだりしても不思議ではないと思ったものです。

しかし、一九九〇年代に「火星に行くには費用がかかりすぎる」というＮＡＳＡの報告があり、アメリカの火星熱は急速に冷え込みました。ロケット打ち上げにかかる莫大な費用がネックになったのですが、宇宙エレベーターが実現すればその問題は解決します。したがって、私にとって宇宙エレベーターは手段であり、目的ではありません。宇宙エレベーターの実現は人類が地球から出て行くひとつの乗り物・手段を手に入れるという位置づけです。

石川さんのインタビューは以上です。お話を通じ、宇宙エレベーターの運用開始目標を二〇五〇年に置いていること、その実現にはカーボンナノチューブをはじめとする技術的なブレイクスルーが必要なことなどが確認できました。

## JAXA《ジャクサ》・向井浩子《むかいひろこ》

次に、JAXA（宇宙航空研究開発機構）で宇宙開発にかかわる契約、法務に携《たずさ》わる向井浩子さん（評価・監査部部長。写真5）に、宇宙における法律、経済についてお聞きします。向井さんは九州大学法学部を一九八七年に卒業後、JAXAに就職しました。ご自身の役割を「理系の技術職の人の発想を文系に、文系の事務職の人の思想を理系に橋渡しをする〝通訳〟であるとともに、専門的知見でプロジェクト遂行を補佐すること」と述べています。

## 宇宙における法整備

――宇宙エレベーターは「地表の建設物」、「宇宙の構築物」のどちらになりますか？

**向井**　簡単に言えば、「宇宙エレベーターは、宇宙の静止軌道上に重心のある細長い静止衛星」という解釈がいいのではないでしょうか。しかしながら、宇宙エレベーターにはアースポートなどの地上の設備も不可欠ですから、宇宙だけではなく、地上も関係する施設であることはまちがいありません。

――宇宙に関する国際的な法令・条約について教えてください。

**向井**　宇宙に関しての国際間の主な条約は五つしかありません。その先駆《さきが》けは一九六七年発効の「宇宙条約」です。その後、一九六八年の「宇宙救助返還協定」、一九七二年の「宇宙損害責任条約」、一九七六年の「宇宙物体登録条約」、そして日本もアメリカも批准していないので拘束力はありませんが、一九八四年の「月その他の天体における国家活動

## 写真5　JAXA・向井浩子さん

東京事業所にて

を律する協定（略称・月協定）」と続きます。

――具体的にご説明いただけますか？

**向井**　宇宙条約は、月その他の天体を含む宇宙空間の探査および利用に関する国家活動を原則的に律《りつ》する条約であり、「宇宙は国際公域であって、一国が独占的に使うものではなく、すべての人類のために使わなければいけない」ことや「宇宙飛行士を宇宙空間への人類の使節と見なし、宇宙飛行士が遭難した時は助けなければならない」ことを謳《うた》っており、宇宙救助返還協定は、それについて具体的に述べています。

宇宙物体登録条約は、「宇宙空間に打ち

上げたものは登録して、その国が管理をしなさい」というものです。

宇宙開発にかかわる国々に一番大きな影響を与えるのが、宇宙損害責任条約です。これは「宇宙物体により引き起こされた地上や航空機への損害に関して、国家が無過失の賠償責任を負う」というもので、「宇宙物体がなんらかの損害を与えた場合は国家が補償しなさい」「たとえ民間の宇宙活動でも、国家が管理しなさい」ということですから、稀有《けう》な条約だと思います。

——宇宙エレベーターが実現したら、民間利用が多くなると予想されます。この条約では、国家は無過失でも、民間が他国に損害を与えた場合、国家が損害賠償をしなければならないのですね？　これは、地上での被害に対しても同様ですか？

**向井**　はい。地上に与えた損害は無過失で賠償することになるので、国家が補償するのは当然です。また、民間の衛星などが地上に落下して起きた損害に関しても、国家が補償することになります。なお、宇宙空間での損害は、宇宙活動のプロどうしの活動として過失主義なので、衛星衝突などは過失がある場合に補償することになります。

——宇宙エレベーターが実現した場合、どのような条約が結ばれますか？

**向井**　宇宙エレベーター構想はおもしろい、と個人的に思います。しかし、ケーブルの材料などが実現していない現状では、具体的に法令・条約を国際間で協議することはできません。将来、宇宙エレベーターが実現したら、前述の四つの条約を基本として、各国が妥協できるところで新たな条約をつくるのではないでしょうか。特に宇宙条約、宇宙損害責任条約の精神は残ると思います。

とはいえ、各国の利益、思惑《おもわく》が異なる現状では、全会一致の条約締結は非常に難しいでしょう。したがって、条約というものではなく、「ソフトロー」と言われる慣習法になるのではないかと思います。いずれにしても、先進国だけではなく、すべての国が納得できるような枠組みをつくらなければなりません。

## 宇宙で殺人事件が起きたら？

――オバマ大統領がアメリカの「二〇一五年宇宙法」に署名しました。これは、小惑星の民間利用にアメリカ大統領がお墨《すみ》つきを与えた、と私は理解しています。日本でも国際的な宇宙ビジネスの拡大を目指す「宇宙活動法案」と商業衛星による画像の利用や管理を規制する「衛星リモートセンシング法案」の2法案を閣議決定し（二〇一六年三月）、民間によるロケット打ち上げや商業衛星運用など宇宙開発関連事業に参入しやすい環境ができつつあります。

**向井**　アメリカでは、プラネタリー・リソーシズが、アステロイド・マイニング（小惑星の鉱物資源を開発）計画を立ち上げたように、突拍子もない民間企業が出てきます。そこで、あわてて法律を整備しなければならないという側面があるのかもしれませんが、そのようなダイナミズムは逆にうらやましい。日本では、新たに宇宙活動法ができても、既存の法律の枠組みを積み重ねていくという法体系ですので。

残念ながら、日本の宇宙技術やそれに関連する法整備はアメリカのレベルに達していません。日本は「現在必要とする法律がない限り、将来を見越した法律を制定しない」スタンスですから、今回の閣議決定も商業衛星による画像の利用など、現有技術の範疇《はんちゅう》から抜け出せていないような印象を受けます。

——技術開発と法整備のバランスが難しいということですか？

**向井**　すこし話が逸《そ》れますが、海洋は古来、人類にとって身近であり、有益でしたから、大航海時代（十五世紀半ば～十七世紀半ば）以来、利権をめぐる多くの争いがありました。ようやく「国連海洋法条約」が採択されたのは一九八二年、発効したのは一九九四年です。

技術の進歩とともに、法律（条約）よりも開発が先に進み、法律は既成事実の後追《あとお》いになっているのです。たとえば、領海は当初、沿岸３海里《かいり》（１海里＝１・８５２キロメートル）と決められていましたが、今では12海里となり、排他的経済水域は２００海里となっています。

同条約のなかで、深海底鉱物資源は「ヘリテージ・オブ・マンカインド（人類の共同財産）」となっています。この精神は海だけではなく、南極や、月や小惑星などの宇宙空間でも共通です。なお、深海底の鉱物資源は「国際海底機構」という国際機関が一元管理することになっており、海底資源の掘削権《くっさくけん》を力ずくで主張するようなことはできません。国際海洋法条約はかなりいい条約ですが、資源を採掘したい先進国と乱掘されたくない発展途上国の間で、つばぜり合いがありました。

したがって、宇宙の法整備に関しては同条約の轍《てつ》を踏まないためにも、「現実の半歩先くらいの法律をつくる」のが理想ではないかと思います。

その一例に、スペースデブリ回収にまつわる合意があります。宇宙開発国にはスペースデブリを低減しよう、回収しようという意思がありますが、未《いま》だに条約は締結できず、ガイドラインのような形式の合意にとどまっています。それでも、一歩とは言わないまでも半歩は進んでいるのではないかと思います。

日本はスペースデブリの回収技術について関心を持っています。ただ、費用負担をどうするか、責任はどこにあるのか、他国のスペースデブリも回収していいのか、といった諸問題が存在します。そのような問題については、COPUOS《コーポス》（国連宇宙空間平和利用委員会）のような場で解決されるのではないかと思います。

――スペースデブリに関する話し合いが、国連の一機関で行なわれているということは、宇宙エレベーターに関する法律も国連で決まるのですか？

**向井**　はい。宇宙エレベーターが実現性を帯《お》びてくれば、それに関する法律を国連などで調整することになるでしょう。数カ国が共同で宇宙エレベーターをつくる場合は、今の国際宇宙ステーションなどを対象とする「国際宇宙基地協力協定」（二〇〇二年三月発効）と同様に、関係国だけで条約をつくってしまう可能性もあるかもしれません。

――もし宇宙で犯罪が起きた場合はどのように対処するのですか？　たとえば、国際宇宙ステーション内で宇宙飛行士間の犯罪が起きた場合はどうですか？

**向井**　国際宇宙ステーションは「国境のないサッカー場」とたとえられるように、世界15カ国が参画する国際プロジェクトです。国際宇宙ステーション内のトラブルについては、今述べた国際宇宙基地協力協定によって、たとえば、日本人宇宙飛行士がアメリカ人宇宙飛行士に傷害を与えた場合は日本の法律で裁《さば》くことになります。しかし、宇宙を国外ととらえた場合、国外犯罪をどう扱うかなど、不透明な問題も少なくありません。

したがって、宇宙エレベーターが実現した時は、個別の法律をつくるのではないかと思います。というのも、国際宇宙ステーションは関係国が15カ国と明確であり、本当に限られた宇宙飛行士しか行けません。しかし、宇宙エレベーターによって、軌道上のステーションにあらゆる国の人々が自由に行けるようになれば、公海上の船のようになると考えられます。つまり、静止軌道ステーションに大きな権限を持つ船長に相当する人がいて、管理するイメージです。

## 眠っていたプロジェクトが動き出す

――法律の話はここまでにして、宇宙エレベーターが実現した場合、どのようなことが起こると思いますか？

**向井**　地球観測衛星や惑星観測衛星など宇宙科学系のプロジェクトは現在、すべてが順番待ちです。軌道上にある日本の「ひので」（太陽観測衛星）や「ひとみ」（X線天文衛星。二〇一六年四月、トラブルにより運用中止）も、順番に則《のっと》って打ち上げられてきました。

その順番は数年に一度ですし、ＪＡＸＡの宇宙理学委員会や宇宙工学委員会に、「自分たちのプロジェクトにはこれだけ大きな意義がある。今こそ行なうべきだ」とプレゼンテーションを行ない、認められたものだけがロケットを打ち上げられるのです。

また、宇宙関連プロジェクトは１００億円、２００億円という巨額の予算が必要になります。これは、ロケットによる打ち上げ費用が膨大なうえ、科学衛星、惑星探査衛星は一度打ち上げたら、10年間は絶対に故障しない、補給もしない、という信念のもとに非常に精密につくられているからです。

宇宙エレベーターが実現すれば、衛星をロケットで打ち上げなくても、容易に衛星を軌道上に乗せられますし、仮に衛星が故障しても、宇宙エレベーターに回収すれば修理できるので、大幅なコストダウンが図れるのではないでしょうか。

――たとえば「ひとみ」が修理できたかもしれないわけですね？

**向井**　そうですね。「ひとみ」については大変残念ですし、申し訳ないと思っています。個別の衛星について修理できるかは故障原因次第ですが、リカバーできた可能性はあると思います。

――宇宙開発はお金がかかりすぎるので先進国しかアクセスできないし、限られたプロジェクトしか行なわれないのは、ロケットの打ち上げ費用の高さがネックになっているということですね？

**向井**　宇宙エレベーターが実現し、打ち上げコストが現在の１００分の1になれば、ひとつのプロジェクトに数百億円もかける必要はなくなります。低コストになれば、地球観測衛星なども切れ目なく打ち上げられるので、大きなメリットが得られます。

日本は地球観測衛星をたくさん持っていますが、予算的には非常に厳しい。たとえば、ＡＬＯＳ《エイロス》（陸域観測技術衛星「だいち」）のあと、ＡＬＯＳ-2を飛ばすまでに観測期間が空《あ》いてしまいます。本来は観測を続けたいのですが、予算がつかないのでできないのです。その点、フランスはALOSとほぼ同じ解像度を持つSPOT《スポット》（地球観測衛星）を4機体制で運用しています。4機体制ということは、ALOSは月に1回しか日本の上空に来ませんが、SPOTは週に1回来る。これは全然違います。しかもSPOTは、途切《とぎ》れなく打ち上げられています。実用衛星なら、こうしないと意味がないと思います。

また、インターネット中継衛星などを、通信インフラのないアフリカ上空に打ち上げる構想がありますが、プレゼンで「どうですか、すばらしいでしょう。しかし、継続できるかどうか10年後は保証できない」では話になりません。アフリカ諸国は日本のインターネット衛星に合わせて地上インフラをつくったけれど、「10年経《た》って寿命が切れたので終わり」では、「どうしてくれるんだ」となります。やはり継続するという保証がないとだめなのです。

このように、予算がなくてできない構想や計画は、科学衛星にも、実用衛星にもたくさんあります。宇宙エレベーターが実現すれば、宇宙開発にかかわるコスト、しくみ、技術などすべての面で大きく変わるのではないでしょうか。

## 国際宇宙ステーションの次

――現在の国際宇宙ステーションというラボ（実験室）がプラント（生産設備）に発展、最終的に宇宙工場となる。その時に材料を地球から持ち上げたり、小惑星から持ってきたりすることができるのは、宇宙エレベーターしかないのでは？

**向井**　そうですね。国際宇宙ステーションはすばらしいのですが、そこで行なわれているのは実験にすぎません。

　たとえば、無重量に関する物性《ぶっせい》（物質の持つ物理的な性質）から大きなたんぱく質ができるだろう、理想的な結晶ができるだろう、と製薬会社は注目しています。ただ、国際宇宙ステーションという限られたスペースでは、研究者や実験回数も限られるため、ひとつの薬をつくるのに何度も国際宇宙ステーションに人を送る必要があり、莫大な資金が必要です。

　それでも、創薬の確率が上がるなら納得できるでしょうが、「最初の実験まで半年待って次の実験は1年後です」では厳しいでしょう。創薬には何度も試行錯誤して、実験を繰り返す、というフェーズ（段階）が必要ですが、現在のように実験回数が制限されていてはそれも難しい。

現代社会の喫緊《きっきん》のテーマであるアルツハイマー型認知症の治療薬などについては、集中して実験は行なっていますが、かぜや発熱などに対応する一般的な薬を開発するには、もっと実験頻度を上げなければいけないでしょう。国際宇宙ステーションでも実験のスピードアップの工夫をしており、昨年（二〇一五年）は創薬ベンチャーと契約締結するなど、一定の評価は受けていますが、やはり限界はあります。

さらに、現在、実験に使う試料を国際宇宙ステーションに持ち込んでも、実験後のサンプル回収が難しい。もちろん、持ち帰れる試料は持って帰りますが、廃棄されるものが多い。なぜなら、スペースシャトルの時代はよかったのですが、現状のようにカプセルで回収すると、熱、重力、加速度などの影響を受けて、繊細な状態で試料を持って帰れないのです。

ご指摘のように、国際宇宙ステーションの次にプラントができて、やがて軌道上の宇宙工場でしか製造できない高レベルの製品がつくられるようになれば、大量の材料を地球から運び、大量の製品を持ち帰らなければなりません。しかし、宇宙の資材を地球に下ろすコストは非常に高い。だから、大量の物資を運搬できる宇宙エレベーターが注目されるのです。これも、宇宙エレベーターの大きなメリットのひとつでしょう。

## 最初につくった国、機関が独占

——宇宙エレベーターが実現するには、経済的に成立する必要があります。まだ宇宙エレベーターがないので、「何が儲《もう》かりますよ」と言っても説得力がありませんが、宇宙太陽光発電や放射性廃棄物の処理などはどうですか？

**向井**　宇宙に核《かく》のごみを持って行っていいのか、という議論があるのは承知しています。しかし、この問題はある意味、感情論ではないでしょうか。日本国内で一〇万年保管できる場所を探すより、よほど現実的です。

ご存じのように、宇宙は放射線で満ちていますから、「宇宙を放射性物質で汚すのか」という議論はナンセンス。放射性物質を月に運び込んでも、太陽に打ち込んでも、まったく問題ないと個人的には思います。ロケットでは万一《まんいち》の打ち上げ失敗を思うとためらいますが、宇宙エレベーターで輸送するなら安全です。ただ、現段階では、地球の深海に持って行くのがもっともお金がかからず、環境汚染も少ないのではないかと考えます。

――放射性廃棄物の処理が可能なら、その費用は約3兆円と言われています。宇宙エレベーターの建設費も放射性廃棄物の処理費用で賄《まかな》えます。

**向井**　3兆円はものすごい金額のように思えますが、今JR東海が進めているリニアモーターカーの建設費は約9兆円と言われています。リニアモーターカーも技術的には可能と30年以上も言われ続けながら、現実化したのはつい最近です。宇宙エレベーターも、日本の未来のために30～35年かけて3兆円を投資すると考えれば、それほど大きな金額ではないと思います。

というのも、将来の宇宙の輸送ビジネスは、宇宙エレベーターを最初につくった国や機関が独占する可能性が高いのです。もちろん、日本が最初の国になれば一番いいのですが、それがだめでも、宇宙エレベーターに日本の技術が関与しているか、関与していないかで、日本の未来はまったく異なるでしょう。

必須の技術を日本が持ち、日本をはずせば宇宙エレベーターはできないことになれば、完成後、そのビジネスに日本も参加することができます。他国の利用料で利益を上げる側になるか、利用料を支払い続けるユーザーになるか、今がその分岐点です。

——宇宙エレベーターの建造費のなかで、ケーブルにどれくらいかかるかわかりませんが、日本がそれを負担しても、ケーブル発注が日本に来れば、そのぶんのお金は戻ってきます。しかし、宇宙エレベーター建造にプレイヤーとして噛《か》んでいないと、ただの便乗客になり、経済的メリットがほとんどないということですね？

**向井**　今、カーボン関連技術は日本が一番強いので、ここを進めないのはもったいないと思います。宇宙エレベーター建造と共通する橋梁《きようりよう》も、エレベーターも、日本の技術はトップです。宇宙エレベーターを大きな旗印《はたじるし》にして、カーボンナノチューブの技術を発展させれば、多くの産業に寄与するのではないでしょうか。

## 100万円で宇宙に行く⁉

——一般の人にとって、宇宙エレベーターの最大のメリットはやはり宇宙旅行ですか？

現在、宇宙旅行には数十億円かかると言われています。これでは、一部の富裕層しか行けません。しかし、3000万円なら「退職金で宇宙に行ってくる」人が出て来るかもしれません。1000万円になれば、さらに旅行者が増えるかもしれません。しかし、多くの人に幅広く宇宙に関心を持ってもらうためには、100万円まで落としたいですね。

**向井**　同感です。非現実的な高度3万6000キロメートル（静止衛星）や400キロメートル（国際宇宙ステーション）まで行かなくても、100万円で昇れる高度まで上がればいいと思います。30～40キロメートルまで昇れば、空は黒く地球は青く、十分宇宙っぽく見えますし、そういう宇宙旅行があってもいいと思います。多くの人が払える金額の高度に多くの人を連れて行く。まず、それが先ですね。

――最後に、宇宙エレベーターができたら、何がしたいですか？

**向井**　月に行きたいですね。私は、無重力よりも、月の持つ地球の6分の1の重力のほうがおもしろいと思っています。たとえば水は、無重力ではふわふわ浮いて、おもしろいかもしれないけれど、やっかいでもあります。その点、6分の1ならゆっくりと落ちていく。月でビールを注《そそ》いだり、お風呂に入ったり、バスケットボールなどもしてみたい。

――月に住みたいのではなくて、試《ため》してみたいということですか？

**向井**　はい。あとはラグランジュ点（同じ重心を回るふたつの天体の軌道面にある五つの点。

安定した平衡状態《へいこう》となり、宇宙ステーションの設置場所として有望視されている）に一大拠点をつくり、そこを宇宙天文台にしたら楽しいですね。そこが拠点になって、やがてコロニー（入植地）になっていくのではないかと思います。でも、できれば宇宙エレベーターを「つくる」ほうにかかわりたいというのが本音です。

向井さんのインタビューは以上です。ＳＦを好まれるとあって、機知《きち》に富《と》み、硬軟《こうなん》織《お》り交《ま》ぜた宇宙に関する知識と、宇宙エレベーターに関する見通しは、大変参考になりました。

## JAMSS《ジャムス》・髙橋櫻子《たかはしさくらこ》

さて、最後にお聞きするのは、日本で唯一の宇宙における有人技術に特化した民間会社であり、宇宙ビジネスのさきがけでもあるＪＡＭＳＳ（有人宇宙システム株式会社）で、国際宇宙ステーション（ＩＳＳ）に滞在する宇宙飛行士のサポートを担当する髙橋櫻子さん（ＩＳＳ利用運用部主務。写真６）です。

## 有人宇宙システム株式会社とは？

――まず、ＪＡＭＳＳはどのような企業ですか？

**高橋**　一九八〇年代後半、日本もＩＳＳプログラムに参画することが決定し、ＮＡＳＤＡ《ナスダ》（宇宙開発事業団。現・ＪＡＸＡ）さんを中心に参画に向けた準備が進められていました。しかし、有人宇宙プログラムは大規模かつ国際協力プロジェクトですから、作業内容は広範囲で多岐《たき》にわたります。このため、新しい技術に対応できる人材を確保するために、当時の宇宙関連企業に出資いただいて一九九〇年、小社が設立されました。

設立当初は国際宇宙ステーションを開発している段階でした。そこで小社は国際宇宙ステーションの開発に携《たずさ》わりながら、それまで日本が経験したことのない有人システムの安全性に対する知識や技術的なノウハウを蓄《たくわ》えて、実際の製品に落とし込むことを目的に安全開発保証部を設置しました。

さらに、並行して、有人機完成後、実際に運用ではどのような体制を組んだらいいのか、どのようなシステムを地上に置いたらいいのか、どのように各国間と調整すればいいのか、といった運用体制づくりを進めていきました。

**写真6 JAMSS・髙橋櫻子さん**

本社にて

国際宇宙ステーションに日本の実験棟「きぼう」ができてからは、その運用や調整をJAXAさんと連携しながら担当させていただいています。それは会社設立当初の目的であり、今も基幹事業です。

また、これまで有人宇宙機の安全性を第三者的に評価してきた経験から、小社が培《つちか》った知識を無人機に広げると同時に、航空機・鉄道・自動車など有人システムの安全性評価も実施しています。さらに、衛星メーカーさんの技術者に入っていただいて、衛星の開発・利用に関するコンサルティングや技術支援などにも手を広げています。

## 宇宙飛行士を365日・24時間体制でサポート

――髙橋さんのお仕事を教えてください。

髙橋　ISS利用運用部に所属し、茨城県つくば市にあるJAXA筑波宇宙センターのなかで、日本の実験棟「きぼう」の運用管制員（Flight Controller）の一員として、勤務しています。運用管制員は複数のポジションで構成されるひとつのチームとして、365日・24時間体制で「きぼう」の運用をサポートします。私はそのなかのCANSEI《カンセイ》（通信や電力を担当）とJ-COM《ジェイコム》（宇宙飛行士と交信）のふたつのポジションに入っています。J-COMは現在、訓練中で認定を取れていません（二〇一六年三月に取得）。

――その認定は、どこがするのですか？

髙橋　JAXAさんです。この資格を持っている人しか、管制室で仕事ができませんし、宇宙飛行士と話せるようになるのは認定されてからです。

――CANSEIはどのようなことをするのですか？

髙橋　宇宙ステーションは宇宙に浮かぶ「実験棟」ですが、宇宙飛行士が滞在する「ひとつの家」とも言えます。そこには、生活に必要な電気や水や空気などすべてがそろっていますが、それらはすべて地上（管制室）からコントロールしています。そのためのメインコンピュータや電気ボックスなどさまざまな機器が正常に動いているかどうか、地上から常に監視しているのが、CANSEIです。

たとえば、宇宙飛行士が「『きぼう』のなかで実験を行ないたいから、電気をつけてほしい」と言ってきた場合、電力担当であるCANSEIが制御するコマンドを打って、電気を地上からつけることができます。

――電気的なことは、すべて地上でできるのですか？

**高橋**　物理的なスイッチの操作など宇宙飛行士にしてもらわなければならないこともありますが、かなり多くのことができます。たとえば、宇宙飛行士が行なっている実験内容を地上で観察するためのビデオをつけたり、そのビデオを地上にダウンリンクして地上からモニターしたりすることも、宇宙飛行士に頼らず地上でできます。「きぼう」の船外についているロボットアームも、専任のポジションが地上の運用管制室から遠隔操作で動かすことができます。

――J-COMはどのようなことをするのですか？

髙橋　簡単に言えば、宇宙飛行士に指示を出すことです。たとえば、船内で宇宙飛行士が実験機器を設置する時に、微小重力空間であるために機器が浮いてしまう可能性が出てきます。その場合、「こうすればうまくできますよ」と、地上から教えます。また、実際に設置している状態をビデオで見て、「こっちにつけてください」など、具体的な指示を出すこともあります。

蛍光灯《けいこうとう》を交換したい時も、そのままはずすことはできません。安全上、上流の電源を先に切らないといけないからです。その作業のために、宇宙飛行士はパソコンからコマンドが打てますが、それでは時間がかかるので、「地上からやってくれ」というコールダウンが来ることもあります。このように、宇宙飛行士とコミュニケーションを取るのもJ－COMの仕事です。

――宇宙飛行士の手となり足となり、ということですか？

髙橋　どちらかというと、目と耳かもしれません。宇宙飛行士だけでは「きぼう」内を全部見回せないので、地上からできる限りのことをサポートするということですね。

## 宇宙での公用語

――日本人以外の宇宙飛行士には英語で指示を与えるのですか？

**高橋**　はい。日本人宇宙飛行士でも、日本語で話すことはほとんどありません。もちろん、宇宙飛行士に日本語で「おはようございます」と挨拶《あいさつ》されたら、「おはようございます」と返します。また、英語でコミュニケーションが難しく、宇宙飛行士が「日本語で説明して」と言われたら、日本語で話します。しかし、そのようなことは滅多《めった》にありません。ですから、ＮＡＳＡのＣＡＰＣＯＭ《キャプコム》（Ｊ－ＣＯＭ同様、宇宙飛行士との交信を担当）と違い、管制室で話されている日本語を端的《たんてき》に英語にまとめて伝えるのも仕事のうちです。

――航空管制も英語で行なわれていますが、似ていますか？

**高橋**　航空管制は複数の機体が安全に航行できるように状況を把握して、離着陸の順番などを指示するわけですが、私たちは「きぼう」１機の運行、安全などを監視して制御するのがミッションですから、航空管制とはすこし違います。

――宇宙でも公用語はやはり英語ですか？

**高橋**　国際宇宙ステーションでは英語とロシア語のふたつが公用語、共通語です。ロシア人宇宙飛行士はほぼロシア語で話しますが、ＮＡＳＡと話をする時は英語で話しかけることもあります。

——ということは、英語とロシア語を話せなければいけないのですか？

**髙橋**　残念ながら、私たち日本人は英語だけです。でも、それで十分ですよ。それよりも、宇宙飛行士との会話では、宇宙飛行士に不快感を与えず気持ちよく仕事ができることを常に心がけています。

——宇宙飛行士との会話は、何か特別なことはありますか？

**髙橋**　最初に相手の名前もしくはいる場所を呼び、自分のいる場所とポジション名を言ってから会話を始めます。たとえば宇宙飛行士がＪ－ＣＯＭに話しかけてくる時は、「Tsukuba Station」と言ってから、話を始めます。そこは普通の会話とはちょっと違うかもしれません。

——宇宙に行く前の宇宙飛行士と、事前に管制室などで会うことがありますか？

**髙橋**　私個人はなるべくお会いするようにしています。宇宙飛行士はＪＡＸＡ筑波宇宙センターに訓練を受けに来ますから、その時に同席させてもらい、「この人はこのような質問をしている」「こんなことに興味があるのか」と、失礼ながら人となりを観察させていただいています。そのうえで、「この宇宙飛行士にはどのようなサポートをしたらいいか」と事前に考えることはとても大切だと思います。

逆に、宇宙飛行士に気持ちよく仕事をしてもらうには、管制員がどのような人間かを知ってもらうことも大事だと思うので、事前になるべくコミュニケーションを取るようにしています。ただ、日本では長期間の訓練ではないため、必ずしも会えるわけではありませんが。

――この仕事をしてうれしかったこと、よかったことはなんですか？

**髙橋**　J-COMは入ったことがないのでわかりませんが、CANSEIは宇宙飛行士のルーチンを見守っているわけですから、何事《なにごと》もないのが理想です。それでも、予期せぬことが時々起こります。たとえば、「きぼう」のメインコンピュータがフリーズした時、何事もなかったかのように復旧させるのですが、時間をかけずに対処ができた時など、ちょっと経験を積んだかな、とうれしくなりますね。

**宙女《そらじょ》**

――なぜ宇宙関係に進もうと思ったのですか？

**高橋**　私は中学生の頃から宇宙が大好きで、高校生の時はＪＡＸＡ相模原《さがみはら》キャンパスの特別公開イベントに、１人で見学に行きました。今で言う「宙女《そらじょ》」の走りでしょうか。

高校二年生の春には、すでに大学で航空宇宙工学を学ぼうと決めていました。また、宇宙関連の仕事をするには英語が必要だと思い込んでいました。とはいえ、当時の私は英語が苦手でしたので、猛烈に勉強しました。そして、航空宇宙工学と英語が学べるというふたつの理由で、アメリカのテキサス大学アーリントン校工学部航空宇宙工学科に留学しました。そして、大学卒業と同時に帰国、どうしても宇宙にかかわる仕事がしたかったので、小社に就職しました。

――現在、ＩＡＡ（国際宇宙航行アカデミー）で宇宙エレベーター構想にかかわっているそうですが、なぜ宇宙エレベーターに興味を持ったのですか？

**高橋**　宇宙エレベーターを最初に知ったのは、高校生の時でした。ある建設会社の将来の宇宙構想のなかに宇宙エレベーターという言葉がありました。「宇宙にエレベーターで行くってどういうこと？」と不思議に思ったことをよく覚えています。

その後、大学で航空宇宙工学を学ぶと、「技術的につくれるわけがない」と否定的に考えていました。しかし、ある時、宇宙エレベーターのテザーの素材として有力視されているカーボンナノチューブの記事を読み、「宇宙エレベーターができるかもしれない」と、すごく興奮しました。それからですね、積極的に情報を仕入れ始めるようになったのは。

現在、ＩＡＡの活動もしているので、私が積極的に宇宙エレベーターにかかわっていったように思われるかもしれませんが、そういうことではありません。ＩＡＡの活動で宇宙エレベーターに関する新規研究グループのスタッフを集める時に、「若手で、ある程度英語ができて、興味がありそうな人はいないか」ということで、声をかけていただきました。宇宙エレベーターを研究したくて、小社に入社したわけではなかったのですが、宇宙エレベーターにかかわることができているのは幸運な偶然だと思っています。

**宇宙に長期滞在すると、どうなる？**

――宇宙エレベーターの実現には何が必要だと思いますか？

**高橋**　技術的な問題は多々《たた》ありますが、まず宇宙エレベーターがビジネスとして成り立つか、ロケットや人工衛星など既存の宇宙ビジネスと共存するためにどうバランスを取るか、を考えることが必要だと思います。

宇宙エレベーターが1基《き》できたら、ロケットは「もはや必要ない」となると、現在ロケットビジネスにかかわっている人たちの協力は得られにくいでしょう。宇宙エレベーターを建設するには、最初にロケットで打ち上げる必要があるわけですから、その兼《か》ね合《あ》いをうまくつけないと、最初の段階からつまずきます。

どのような利用を目的として建設するのか、どのように運用していくか、も課題です。また、宇宙エレベーター建設に必要なシステムの構成なども明確にしていかなければなりません。それを明確にしないと、実際に建設したいと思っても、どのようなものをつくればいいか、わからなくなってしまいます。

さらに、宇宙エレベーターの議論で必ず出るのは、どこに建設するか、です。一国で建設するのは無理があると思うので、その後の運用も含めて、さまざまな国との協力関係を築《きず》いていく必要もあるでしょう。そのしくみづくりや法整備も必要です。

――他に課題はありますか？

**髙橋**　宇宙エレベーターが建設され、さまざまな国の多くの人々が宇宙を訪れ、滞在するとなると、科学技術以前に人間の衣食住すべてが課題になると思います。言語、宗教、食習慣、服装など、現在の地球上で起こっているすべての問題が宇宙に持ち上がるでしょうし、刑事・民事を問わず事件や犯罪も起きるでしょう。

現在は、厳しい訓練を受けた宇宙飛行士がミッションのために宇宙に行っているので、長期的な滞在も我慢できます。ただ、普通の人が長期間滞在する、あるいは月や火星で生活することによる心身への影響はほとんどわかっていません。重力の少ないところに長期間いると、骨や筋肉が衰《おとろ》えるのはもはや常識ですが、それ以上に命にかかわる心肺《しんぱい》や循《じゅん》環器《かんき》系への影響はないのか、さらに宇宙線の影響など、研究すべきことは山積《さんせき》しています。

小社には、宇宙と医学に関する研究に携《たずさ》わっている者もおります。これらの研究をベースにして今後、宇宙空間だけではなく、地上でも放射線とその健康問題などに寄与できることを願っています。

## 宇宙葬

――宇宙エレベーターができたら、何がしたいですか?

**高橋** もちろん、宇宙に行きたいです。現在、IAAの活動でどのようなミッションが可能かを考えているのですが、たとえば月や火星の重力を疑似体験できる途中のステーションがあってもいいと思います。さらに静止軌道よりも高い位置に設置したステーションから探査機などを射出《しゃしゅつ》すれば、少ない推進力で遠くの天体へ行けるので、その先の可能性も広がります。ですから、宇宙に行けるなら、どこまででも行ってみたいです。

――インフラとして宇宙環境が使えるようになった時、どのようなビジネスが考えられますか?

**高橋** 安易かもしれませんが、新婚旅行や夫婦の結婚25周年記念に地球を一望する旅行ができたらおもしろいと思います。また、すでに行なわれていますが、宇宙葬なども簡単・安価になるでしょう。ロケットで遺骨を宇宙に打ち上げるとかなり費用がかかりますが、宇宙エレベーターから散骨すればそれほど高額ではなくなります。

――高橋さんも宇宙に散骨したいですか?

**髙橋**　私というより、母が希望しています。母はユニークな人で、「死んで星になるなんて素敵じゃない」「あなたが宇宙飛行士になったら、私の骨を撒《ま》いてね」と言っています。私は3人兄弟ですが、「1人くらい宇宙飛行士になれないかな」とも。私は理系人間ですが、家族はみんな文系で、母も宇宙について身近に考えたことはないはずです。そのような人でも目を輝《かがや》かせるような企画やプロジェクトを宇宙エレベーターをベースに立ち上げられたら、おもしろいと思います。

髙橋さんのインタビューは以上です。インタビューのあと、アルバート・アインシュタインの「私には特別な才能などありません。ただ旺盛な好奇心があるだけです」「私は先のことなど考えたことがありません。すぐに来てしまうのですから」という言葉を思い出しました。宇宙エレベーターが実現する日は、想像するほど遠くないかもしれません。

さて、本章は特別編として宇宙エレベーター構想の実現のために尽力する方々にお話をお聞きしました。次章は人類が目指した宇宙開発の歩みを述べたいと思います。

第5章

# 宇宙開発の歴史

## 人類の意識を変えた発見

なぜ人類は宇宙を目指すのでしょう。私たちはどこに向かおうとしているのでしょう。現在を知り、未来を推《お》し量《はか》るには、過去を学ぶのがひとつの方法です。宇宙エレベーターがある未来を考えるために、本章では宇宙開発の歴史をおさらいしておきましょう。

太古《たいこ》から人は、星を見上げてきました。夜空の星を結んで星座を描き、神話を語りました。また、星を頼りに海を渡り、砂漠を越えてきました。政治の方針を定め、人生の行方《ゆくえ》を占いもしました。

しかし、長い間、星は目指すべきところではありませんでした。天上《てんじょう》の世界は、見上げるだけで手の届かない別世界でした。

転機になったのは、ルネサンスです。十六世紀になると、ニコラウス・コペルニクス（ポーランド）、ヨハネス・ケプラー（ドイツ）、ガリレオ・ガリレイ（イタリア）などの天文学者たちが唱《とな》えた地動説によって、地球は宇宙の中心ではないという考え方がすこしずつ広まっていきました。

地球が宇宙の中心にあるのではなく、宇宙のなかを動いているのなら、地球の上空だけを特別に扱う理由はありません。天上界と地上界を分ける根拠がなくなります。

そして、イギリスの物理学者アイザック・ニュートンによる万有引力の発見によって、天上界と地上界という区別は、完全に意義を失いました。ニュートンは一六八七年に、地面に落ちるリンゴに働く力も、地球を回る月に働く力も、ともに万有引力だと明らかにしました。

ニュートンの運動法則は、すべての物体の運動を普遍的に表わすことができます。そこには、地上の世界や天上の世界といった区分けはありません。

## 想像力が先か、技術が先か？

やがて宇宙の理解が進むにつれて、宇宙に行けるかもしれない、と考える人たちが現われるようになります。地上の運動法則と宇宙の運動法則に違いがないのなら、人類がつくった装置で宇宙に行くことができるのではないかと考えるのは、自然なことです。

たとえば、フランスの作家ジュール・ベルヌは一八六五年に『月世界旅行』を書きました。巨大な大砲から撃《う》ち出される砲弾に乗って月に行くという、ＳＦの先駆《さきが》けとなる作品です。

大砲で宇宙に行くというのは空想ではありますが、まったくの妄想というわけではありません。その大砲は砲身の長さが900フィート、約270メートルとされています。途方もない長さですが、このような設定になっているのは、砲身が長いほど砲弾の発射スピードが速くなるからです。つまり、ベルヌは月に行くには途方もない速さが必要だということをわかっていたわけです。

ベルヌは、月に行くための具体的な方法はわからなくても、既存の方法の延長で月に行ってみせました。技術的なハードルを想像力で飛び越え、その向こう側に何があるのかを描くという手法を編《あ》み出したベルヌは、「SFの父」と呼ばれることもあります。

この頃は、ベルヌの他にも、イギリスの作家H・G・ウェルズなどが、宇宙を舞台にしたSFを書いています。さらにそのあとの時代には、主人公たちが宇宙を飛び回る「スペースオペラ」と呼ばれるSFがたくさん書かれるようになります。宇宙は憧れの対象になっていくのです。

## 宇宙飛行の理論的完成

やがて、宇宙に憧れた人たちのなかから、ニュートンの運動法則をもとに理論的な可能性を探る人が現われます。想像力に運動法則という拠《よ》り所《どころ》を与えると、宇宙に行くための方法を具体的に考えることができるようになります。

ロシアの科学者コンスタンチン・ツィオルコフスキーは、一八九八年にロケットによる宇宙飛行の原理を明らかにした論文「ロケットによる宇宙空間の開発」をまとめました（科学誌への掲載は一九〇三年）。

ニュートンの運動法則にもとづいた同論文によって、宇宙に行くには大砲ではなくロケットが必要なことを明らかにし、どのようなロケットならば宇宙に行けるかを示したのです。

ツィオルコフスキーは中学校の教師でしたが、ロケットや宇宙旅行にかかわるさまざまなことを考えた先駆者です。ロケット推進によって機体が得られる速さを求める「ツィオルコフスキーの式」に名が冠《かん》され、多段式《ただんしき》ロケットや宇宙ステーション、エアロックなども彼のアイデアです。現在の宇宙飛行の理論的な基礎を築《きず》いたと言ってもいいでしょう。

ツィオルコフスキーは「宇宙飛行の父」とも呼ばれています。

ツィオルコフスキーは、ベルヌのSFから宇宙飛行やロケット推進の着想を得ていたとも言われています。ベルヌの功績は、時代の雰囲気を大きく変える種火《たねび》となったことです。

想像力の翼《つばさ》が運動の法則で裏づけられた時、人類にとって、宇宙は目指すべき目標になりました。ニュートンの運動法則はウソをつきません。理論的に宇宙に行けることがわかったのなら、それは可能だということです。

## 宇宙飛行の初期技術

理論だけでは宇宙に行くことはできません。実際に宇宙に行くには技術が要《い》ります。しかし、理論的に可能ならば、技術的な可能性を追い求める人が必ず現われるのです。

アメリカの物理学者ロバート・ゴダードは一九二六年、世界ではじめての液体ロケットを打ち上げます。この時のロケットは酸化剤に液体酸素、燃料にガソリンを使い、2秒半で高度41フィート、約12・5メートルまで上りました。同ロケットには、タンク内に圧力をかけて酸化剤や推進剤を送り出すなど、現在でも小型のロケットエンジンで用いられている技術が使われています。

ゴダードは宇宙空間に達することを目標にロケットの開発を続け、一九三五年には液体ロケットではじめて音速を超えました。また、酸化剤や燃料を燃焼室に送り込むためのターボポンプや、ジャイロによる誘導システムなど、現在のロケット技術の基礎を築《きず》きました。そのためゴダードは「ロケットの父」と呼ばれています。

ゴダードの初期の液体ロケットは、ライト兄弟の飛行機と同じように、当時の人の目にはおもちゃのように映《うつ》ったことでしょう。こんなものが本当に宇宙に届くのかと訝《いぶか》られ、嘲笑《ちょうしょう》の対象でした。しかし、ゴダードには、ロケットの飛跡《ひせき》の先に宇宙が見えていたはずです。

可能性があるというだけでは、形《かたち》にはなりません。可能性を信じ、目標に向けて進む人がいてはじめて、形あるものとして生み出されます。ロケットもそういう時代を経《へ》て、現在の発展があります。宇宙エレベーターは、まさに今この段階にさしかかろうとしていると言えるでしょう。

## 兵器としてのロケット開発

ロケットの開発は、ゴダードの成功を追うように、一九二〇年代後半から一九三〇年代にかけて、アメリカやヨーロッパなどで進められました。

しかし、残念なことに、その目的は宇宙を目指すことに限られてはいませんでした。第一次世界大戦から第二次世界大戦に向かう世相のなか、軍事利用を目的としたロケット開発が進められたのです。ゴダードも、のちにバズーカ砲として使われることになる、管発《かんはつ》射《しゃ》ロケットの研究をしています。

その後、ロケットの到達高度は次第に高くなっていきます。そしてついに、人類の手が宇宙に届きます。

はじめて宇宙空間に達した物体は、ドイツが一九四二年に打ち上げたA−4ロケットでした。A−4は、工学者ウェルナー・フォン・ブラウンが開発にかかわった、酸化剤として液体酸素、燃料としてエタノールに水を混ぜたものを使う液体ロケットです。

フォン・ブラウンは、ロケット開発の初期から、アメリカのアポロ計画まで携《たずさ》わり、ロケット技術の水準を高めた立役者《たてやくしゃ》です。子どもの頃は、ツィオルコフスキーやゴダードと同じように、ベルヌやウェルズのＳＦをよく読んでいたようです。その後、宇宙に憧れを抱《いだ》き、月を目指すロケット研究を志《こころざ》すようになりました。第二次世界大戦中は、ドイツの陸軍ロケット研究所で、兵器としてのロケットの開発にかかわっています。

Ａ−４は、第二次世界大戦でイギリス爆撃などに使われた中距離弾道《だんどう》ミサイルＶ−２とほぼ同じものでした。第一次世界大戦で敗《やぶ》れたドイツは、ヴェルサイユ条約によって長距離砲を持つことが禁じられていたため、一九三〇年代から兵器としてのロケット開発を進めていたのです。

フォン・ブラウンは兵器としてのロケット開発が不本意だったのか、宇宙に行くためのロケットの研究を進めようとして、国家反逆罪で捕《つか》まるという逸話《いつわ》が残されています。Ｖ−２がイギリスに達した時、「ロケットは完璧に動いたが、まちがった惑星に着いた」と語ったとも言われています。

## 冷戦下の宇宙開発競争

宇宙空間への一番乗りをはたしたドイツでしたが、第二次世界大戦における戦況は芳《かんば》しくありませんでした。そして、ドイツの敗戦が決定的になると、アメリカとソ連によるドイツのロケット技術の収奪競争が起きます。

アメリカはフォン・ブラウンをはじめとするロケット開発にかかわった科学者や技術者を手に入れ、ソ連は生産にかかわった技術者たちを手に入れました。双方ともV−2ロケット本体や部品などを奪《うば》い、これらをもとに自国でロケットの開発を進めました。

アメリカとソ連が競《きそ》ってロケット技術を欲しがったのは、原子爆弾を標的に撃《う》ち込む手段としてでした。大陸を隔《へだ》てる海を飛び越えての核攻撃には、爆撃機よりも、大気圏を飛び出してから弾道飛行で目標に向かう大陸間弾道ミサイルが望ましく、そのためには宇宙に届くロケットが必要だったのです。

そして、戦後の冷戦を背景として、アメリカとソ連の宇宙開発競争が激しくなります。すでに宇宙空間に手が届いていたドイツのロケット技術を手に入れた両国はこの時、人工衛星の打ち上げに手が届く段階にあったわけです。

先に人工衛星を地球周回軌道に乗せたのは、ソ連でした。ソ連は一九五七年にスプートニク1号を打ち上げ、地球周回軌道に乗せました。人類にとってはじめての人工衛星となったスプートニク1号は、内蔵の電池が切れるまでの3週間、軌道上から電波を出し続けました。

あとを追うように、アメリカは翌一九五八年にエクスプローラー1号を地球周回軌道に乗せました。もっとも、スプートニク1号の重さが84キログラムだったのに対して、エクスプローラー1号は14キログラムと軽く、ロケットの打ち上げ能力ではソ連のほうが上でした。

ソ連の先行《せんこう》はその後も続きます。スプートニク1号の打ち上げから1カ月後には、スプートニク2号で犬を地球周回軌道に乗せます。また一九五九年には、月面にぶつける予定だったルナ1号が月から約6000キロメートルのところを通り、結果的に太陽の周回軌道を回る人類初の物体になりました。さらに、ルナ2号で予定通り月にぶつけ、ルナ3号で月の裏側の写真を撮《と》るなど、ことごとくアメリカの先を行きました。

## 有人宇宙飛行と隠された意図

いっぽう、ソ連に遅れを取ったアメリカは、ロケットの開発体制の見直しをします。アメリカがソ連に先を越されるのは、当時のロケット開発が陸海空の各軍で個別に進められているからだとの指摘を受けて、ロケット開発にかかわる部署などを大統領直属の政府機関としてまとめ、一九五八年にNASAを立ち上げたのです。

NASAの誕生により、アメリカの宇宙開発は迅速《じんそく》に、効率的に進むはずでした。しかし、アメリカは有人宇宙飛行でも先を越されます。はじめて人を地球周回軌道に乗せたのも、ソ連でした。

一九六一年、ソ連空軍のパイロットだったユーリイ・ガガーリンは、人類としてはじめて地球を回りました。ガガーリンはボストーク1号で地球周回軌道に乗り、108分かけて地球を1周し、無事に地表に戻ってきました。

その後も、ソ連は次々に宇宙飛行の経験を積んでいきます。ガガーリンによる初飛行の4カ月後にゲルマン・チトフを地球周回軌道上に1日とどまらせると、一九六二年には地球周回軌道で2機の宇宙船で編隊飛行をさせ、一九六三年には編隊を組む宇宙船のいっぽうに女性としてはじめてワレンチナ・テレシコワを乗せました。

スプートニク1号から続くソ連の快進撃には、R-7ロケット開発の中心人物であるセルゲイ・コロリョフの存在が大きかったと言われています。

R－７は酸化剤に液体酸素、燃料にケロシンを使う液体ロケットで、ソ連の宇宙開発を支えました。スプートニク１号を打ち上げたのも、ガガーリンを宇宙に運んだのもR－７です。しかし、R－７の本来の開発目的はドイツのA－４と同様、兵器としてのミサイルでした。R－７は核弾頭を運ぶことができる世界初の大陸間弾道ミサイルでもあります。

コロリョフは、フォン・ブラウンと同じように、兵器としてのロケット開発は不本意だったようです。コロリョフの夢は宇宙ステーションをつくり、月や火星に人を送り込み、人類の宇宙進出を進めることだったと伝えられています。

もっとも、コロリョフはうまく立ち振る舞っていたのかもしれません。R－７は酸化剤に液体酸素を使う液体ロケットですが、この形式はミサイル向きとは言えません。なぜなら、液体酸素は沸点《ふってん》がマイナス１８３度なので、タンクに入れておくと、蒸発によってどんどん減ってしまうからです。そのため、打ち上げ直前にタンクに入れる必要がありますが、注入には時間がかかるので、イザという時に間《ま》に合いません。

当時の技術では、液体酸素を使う液体ロケットしかなかったのかもしれませんが、液体酸素がミサイルに向いていないことを承知のうえで、人工衛星を打ち上げたいがために、あえてそうしていた──コロリョフの隠された意図──と考えるのは、買《か》い被《かぶ》りでしょうか。少なくともコロリョフにとっては、R‐7は大陸間弾道ミサイルではなく、宇宙に人や物を送り込むロケットでした。

R‐7はその後も改良を繰り返し、現在でもソユーズ宇宙船やプログレス補給船を打ち上げるために使われています（写真7）。特に二〇一二年からは、国際宇宙ステーションへの人の行《ゆ》き来《き》に使われているのは、ソユーズだけです。

アメリカに届く大陸間弾道ミサイルとして開発が始められたロケットによってアメリカの宇宙飛行士が運ばれているのは、なんとも皮肉な話です。

## アポロ計画の光と影《かげ》

一九六一年、アメリカはソ連のガガーリンが地球を回った直後、マーキュリー計画で、海軍のテストパイロットのアラン・シェパードを乗せた宇宙船フリーダム7を打ち上げます。シェパードは、はじめて宇宙空間に出たアメリカ人になりました。しかし、ロケットの打ち上げ能力が低かったため、ソ連のように地球周回軌道に乗せることはできず、15分間の弾道飛行が精一杯でした。

アメリカがはじめて人を地球周回軌道に乗せることができたのは、その翌年の一九六二年でした。海兵隊のテストパイロットだったジョン・グレンは、宇宙船フレンドシップ7で地球を3周回り、地表に戻ってきました。

写真7 ソユーズ

R–7直系のソユーズ、低コストで高い安全性

ことごとくソ連に先を越されたことに危機感を持ったアメリカは、起死回生《きしかいせい》の策を講《こう》じます。国家プロジェクトとして月への有人飛行を目指す、アポロ計画です。アメリカ

は、準備段階のジェミニ計画を経《へ》て、アポロ計画で月に人を送り込むことに賭《か》けます。

アポロ計画は、ケネディ大統領による一九六一年の演説にある「10年以内に人類を月に降《お》ろし、安全に地球に戻す」という言葉通り、ソ連よりも先にアメリカ人を月面に立たせることが目的でした。そのために、人材も資金も惜《お》しげなく注《そそ》ぎ込まれました。

アポロ計画ではフォン・ブラウンがロケット開発の指揮を執《と》り、月に届くサターンVや、地球周回軌道に乗るためのサターンIBがつくられました。サターンVは全長110メートル、最大直径10メートルの大型ロケットで、大きさでは現在でも最大です。

アポロ宇宙船は司令船、機械船、月着陸船の三つの部分から成ります。打ち上げ時には3人の宇宙飛行士が司令船に乗り込み、月に向かいます。月面に降《お》りるのは月着陸船に乗る2人だけで、1人は月周回軌道上の司令船に残ります。帰還時は、月着陸船が月面を離れ、月周回軌道上で司令船とランデブー、ドッキング後に月周回軌道を離れ、地球に戻ります。

アポロ計画では、無人の打ち上げから始め、有人での地球周回、有人での月周回、月周回軌道上での月着陸船の試験と、月着陸に向けた試行が段階的に進められていきました。

そして、一九六九年七月二十日、アポロ11号でニール・アームストロングとバズ・オルドリンが、人類としてはじめて月に立ちました。アームストロングの第一声「これはひとりの人間にとっては小さな一歩だが、人類にとっては大きな躍進である」は、あまりにも有名です。

この後、アポロ計画は一九七二年の17号まで続き、事故のために着陸はできなかった13号を除いて、６回の月着陸を成し遂げ、12人の宇宙飛行士が月面を踏みました。地球以外の天体に立ったのは今のところ、この12人だけです。

同じ頃、ソ連は、ボスホート計画で複数の宇宙飛行士の搭乗、宇宙遊泳、ランデブー、ドッキングなど、有人月着陸に必要だと考えられていた技術の開発を進めていました。

しかし、肝心の月に届く大型ロケットの開発がうまくいかず、結局、有人月着陸をあきらめています。大型ロケットの開発失敗と直接の関係があるかは不明ですが、コロリョフは一九六六年に亡《な》くなっていました。

また、アメリカもソ連も、月への一番乗りを急ぎすぎたためか、それぞれ宇宙飛行士が亡くなる痛ましい事故を起こしています。アメリカはアポロ１号の地上での試験中に起きた火災で3人の、またソ連はソユーズ1号の地球帰還時にパラシュートが開かず1人の宇宙飛行士が亡くなっています。

アポロ計画の第一の目的は、アメリカ人をソ連よりも先に月に立たせることだったので、それがはたされてしまうと、急速に支持が失われていきます。アポロ計画は本来なら20号までの予定でしたが、予算が続かず、17号までで中止が決まりました。それでも、200億ドルの費用がかかったと言われています。

しかし、アポロ計画は人類の地球観に大きな影響を与えました。たとえば、月に向かうアポロ17号から撮られた、地球の全体像をとらえた写真「ザ・ブルー・マーブル（写真8）」は、地球は青く美しい惑星ではあるが、漆黒の宇宙に浮かぶ小さな惑星にすぎない、というイメージを人類に与えたのです。

## スペースシャトル計画は正しかったか？

アポロ計画後、宇宙開発は競争の時代から協調の時代へと移ります。一九七五年に行なわれた、アメリカのアポロ宇宙船とソ連のソユーズ宇宙船との地球周回軌道上でのドッキングは、その象徴的な出来事でした。しかし、国家が威信をかけて争うことがなくなると、宇宙開発に莫大な予算をかけることができなくなります。

アメリカは着実な宇宙開発を目指して、地球周回軌道上に宇宙活動の拠点となる宇宙ステーションをつくろうとします。そのためには、大勢の人や大量の物を宇宙空間に運ぶ必要がありますが、アポロ計画のように予算を湯水《ゆみず》のごとく使うわけにはいきません。そこで、打ち上げ1回あたりの費用を安くする方針のもと、再使用型有翼往還機《ゆうよくおうかんき》のスペースシャトル計画を進めます。

打ち上げ時のスペースシャトルは、メインエンジンと翼がある宇宙船「オービター」に、外部液体燃料タンクと固体ロケット・ブースター

**写真8 ザ・ブルー・マーブル**

1972年12月7日、アポロ17号の乗組員によって、地球から約4万5000キロメートルの距離から撮影された

が取り付けられています（写真9）。

オービターは最大乗員7人と約30トンの荷物を高度数百キロメートルの低軌道まで持ち上げ、約15トンの荷物を地上に持ち帰ることができました。2本の固体ロケット・ブースターは、打ち上げ後に切り離されますが、再使用のためにパラシュートで海に落とされます。外部燃料タンクは使い捨てで、大気圏に落として燃やしてしまいます。

帰還時には、大気圏への再突入後はエンジンを使わず、グライダーのように滑空《かっくう》で滑走路に降《お》ります。地表に戻ったオービターは点検・整備後、積荷を載《の》せて再《ふたた》び打ち上げられます。

地表と宇宙の行き来に使われたオービターは、コロンビア、チャレンジャー、ディスカバリー、アトランティス、エンデバーの5機で、一九八一年から二〇一一年にかけて使われました。

スペースシャトルは地表と地球周回軌道との往復を繰り返し、宇宙空間に人や物を安く運ぶことが目的でした。言わば、地球と宇宙を結ぶピックアップトラックです。そこで、費用の節約を考え、機体を使い捨てではなく再使用型にし、7人が乗ったうえで同時に荷物も積める設計にしたのです。一度に7人乗れる宇宙船は、今でもスペースシャトルだけです。

使い捨てのロケットでは効率が悪く、打ち上げ費用が安くならないことは、ロケット開発の初期から知られていました。しかし、ロケットの再使用は技術的なハードルが高く、実現は困難でした。スペースシャトルでは外部燃料タンクが使い捨てなので、完全な再使用型ではありませんが、このハードルを越えたということでは画《かっ》期《き》的《てき》でした。

**写真9 スペースシャトル**

1993年6月21日に発射されたエンデバー

しかし、先進的と思われていたスペースシ

ャトルは、本質的な欠陥を抱《かか》えていました。結果的にその欠陥ゆえに、二度の事故を起こしています。

一九八六年に、チャレンジャーが打ち上げ後に爆発事故を起こし、7名の宇宙飛行士が犠牲になりました。さらに二〇〇三年には、コロンビアが再突入中に空中分解事故を起こし、やはり7名の宇宙飛行士が犠牲になりました。どちらの事故でも、一度に多くの乗員を運べることが仇《あだ》になり、多くの犠牲者を出してしまいました。

そして、もともとは使い捨てロケットよりも打ち上げ1回あたりの費用が安くなるという触れ込みで始められた計画でしたが、これらの事故への対応や安全対策などにかかる費用が膨《ふく》らみ、かえって高くなってしまいました。

また、乗員と荷物を同時に運ぶピックアップトラック型のスペースシャトルは、荷物だけを運ぶことができません。さらに、載《の》せる荷物には有人宇宙活動に対する安全基準の確保が求められます。そのために費用が嵩《かさ》み、人工衛星の打ち上げでは無人のロケットに敵《かな》いませんでした。

結局、スペースシャトルは、国際宇宙ステーションの組み立てが終わった二〇一一年に役割を終えました。合計１３５回の打ち上げで、５機中２機を失い、14人の宇宙飛行士が亡くなる、という結果でした。

ソ連も、ブランという再使用型有翼往還機をつくっています。ブランは、スペースシャトルのオービターと同じような翼のある宇宙船が、エネルギアという大型ロケットの側面に取り付けられていました。スペースシャトルとは異なり、メインエンジンは、使い捨てのエネルギア側につけられていました。

結局、ブランは一九八八年に一度、無人で打ち上げられただけでした。一九九二年に有人で打ち上げる予定があったようですが、一九九一年のソ連崩壊により、打ち上げられることはありませんでした。

ソ連の宇宙開発を引き継いだロシアは、基本設計が古いR－7ロケットの改良を続けることで、信頼性を上げています。先進的で革新的な技術に挑《いど》んだアメリカとは対照的です。

現在は、地球周回軌道に乗ることのできる再使用型有翼往還機は使われていません。飛行機のように滑走路から飛び立ち、滑走路に降《お》りる完全再使用型の宇宙船は、ＳＦやアニメではお馴染《なじ》みですが、残念ながら実現は困難なようです。

## アポロ計画後のソ連の宇宙開発

さて、アメリカが月着陸を成し遂げたあと、ソ連は、アメリカの後塵《こうじん》を拝《はい》してもあくまで月にこだわるのか、月よりさらに遠い火星への一番乗りを狙《ねら》うのか、地球周回軌道上での長期滞在で体面を繕《つくろ》うのか、の三択を迫られていました。

結局、月は政治的にありえず、火星は技術的にも経済的にも不可能だったので、必然的に地球周回軌道上での長期滞在を進めることになります。

一九七一年、サリュートという宇宙ステーションを地球周回軌道に乗せ、宇宙での長期滞在記録を伸《の》ばしていきます。この時、地表とサリュートを結んでいたのが、3人乗りのソユーズ宇宙船や、無人のプログレス補給船です。ソユーズとプログレスは何度も大きな改良を施《ほどこ》されながら、現在でも地表と国際宇宙ステーションへの行き来に使われています。

宇宙ステーションにはじめて乗り込んだのは、ソユーズ11号で向かった3人の宇宙飛行士でしたが、サリュートでの23日間の滞在後、地表に戻る大気圏再突入時に船内の空気が失われる事故によって、全員が亡くなってしまいました。

この事故によって、ソ連の宇宙開発は一時《いちじ》遅れましたが、中止することはなく、一九八二年までに7機のサリュートを打ち上げました。そのうちの3機は軍用でしたが、他の4機ではさまざまな実験や観測などを行ないながら、宇宙飛行士の滞在期間を1カ月、2カ月と延《の》ばしていきました。

特に、後期のサリュート6号・7号は、ドッキング部をふたつ備えた本格的な宇宙ステーションでした。初期のサリュートにはドッキング部がひとつしかなく、乗員の交代や物資の補給がうまくできませんでした。

ドッキング部をふたつに増やすことで、帰還用のソユーズをはずさずに、別のソユーズやプログレスをつけることができ、宇宙ステーションでの活動が切れ目なく続けられるようになりました。ソ連はサリュートで宇宙空間での長期滞在記録を185日間まで延ばしています。

さらに、サリュートに続く宇宙ステーションとして、ミールの運用を始めます。ミールは、構成部品をつなげていくことで居住部分を大きくしていけるようにつくられていました。一九八六年に最初の構成部品を打ち上げ、一九九六年に最終的な形状になりました。ソーラーパネルをいくつも広げた姿がトンボに似ていたことから、「ドラゴンフライ」とも呼ばれました。

ミール計画は一九九一年のソ連崩壊後、運用がロシアに引き継がれました。機内での火災やプログレスとの衝突事故などによって何度も危機的な状況に陥《おちい》りながら、二〇〇一年まで15年間も使われました。

ミールには、キッチンやルームランナー、ビデオデッキやCDプレーヤーなどもあり、サリュートより快適に暮らせる工夫が凝《こ》らされていました。ウオッカもあったそうです。一九八六年に最初にミールに乗り込んだ宇宙飛行士たちは、地上から直接ミールに向かうのではなく、まず、まだ軌道上にあったサリュート7号に行って必要なものを持ち出し、それからミールに向かう、という宇宙初の引っ越しをしています。

ミールには、アメリカやヨーロッパなど9カ国から、のべ100人以上の宇宙飛行士が訪れています。一九九〇年には、TBS社員だった秋山豊寛《あきやまとよひろ》が宇宙特派員として訪れ、ミールでの様子を生放送で日本に伝えました。アメリカとの協調も進み、アメリカの宇宙飛行士がソユーズやスペースシャトルでミールを訪れ、その一部はミールに残り、長期滞在をしています。

ミールの運用は二〇〇〇年に終わり、二〇〇一年に大気圏に落ちましたが、一部が燃え残り、地上にも落ちてきました。ロシアはミールで、宇宙空間での長期滞在記録を437日間まで伸ばしました。これは一度の滞在としては、今でも最長記録です。

## アメリカの宇宙ステーション

ところで、アメリカの宇宙ステーションはどうなっていたのでしょうか。アメリカは、アポロ計画終了後の一九七三年、スカイラブを打ち上げました。宇宙ステーションとしては、ソ連のサリュートに次いで、世界で二番目です。

スカイラブは、アポロ宇宙船を月まで運ぶサターンVの3段目を宇宙ステーションに仕立て直したものです。推進剤の巨大なタンクを居住部分に充《あ》てたので、使い回しとはいえサリュートよりも広くて快適な環境でした。なんと、今の国際宇宙ステーションにもないシャワーが備えられていて、週に1回の割合で使えたそうです。

宇宙飛行士の滞在は一九七三年から一九七四年にかけて3回行なわれ、各3人がとどまり、長期間の宇宙滞在が人体《じんたい》にもたらす影響の調査や、望遠鏡による太陽の観測などが行なわれました。なかには、無重力状態での蜘蛛《くも》の巣の張り方の観察のような、高校生から募《つの》った実験もありました。最長の滞在は84日間です。

スカイラブは一九七九年に大気圏に落ちて燃え尽きました。その後、アメリカは国際宇宙ステーションができるまで、長期滞在をしていません。宇宙空間での実験や観察は、スペースシャトルの貨物室に載《の》せたスペースラブという宇宙実験室で行ないました。

**なぜ、国際宇宙ステーションはつくられたか？**

ミール計画の終了後、ロシアはソ連崩壊後の混乱による財政難などのため、ミール後継機の計画を進められずにいました。

いっぽう、アメリカはソ連への対抗という政治的な意図で西側諸国をまとめ、新たな宇宙ステーションの計画を進めていましたが、ソ連の崩壊でその意義を失っていました。また、ソ連の宇宙技術者、特に大陸間弾道ミサイルの開発につながるロケット技術者の第三国への流出に神経質になってもいました。

そこで、アメリカはロシアを巻き込もうと、西側諸国の宇宙ステーションとミール後継機の統合をロシアに持ちかけました。これが紆余《うよ》曲折《きょくせつ》を経《へ》て、現在の国際宇宙ステーション計画につながっていきます。

国際宇宙ステーションについては第3章で述べ、また次章でも触れるので、詳しいことはそちらに譲《ゆず》りますが、概要だけ述べておきます。

国際宇宙ステーション計画は、アメリカ、ロシア、日本など15カ国によって進められています。一九九七年から組み立てが始められ、二〇一一年に組み立てが終わりました。最初の滞在が始められた二〇〇〇年以来、入れ替わり立ち替わりではありますが、15年以上にわたって常に人が暮らし続けています。

国際宇宙ステーションの定員は6人で、滞在期間は基本的には半年間です。地表との行き来に使われるソユーズ宇宙船が3人乗りなので、定員の半分ずつが3カ月ごとに入れ替わることになります。ただし、滞在期間は半年でなければならないということはなく、3

カ月だったこともあれば、二〇一五年のアメリカ・ロシアのように1年間だったこともあります。

国際宇宙ステーションは、当初は二〇一五年までの運用となっていましたが、二〇二〇年まで延《の》ばすことが参加国間で決められています。アメリカはさらに二〇二四年まで延ばすことを参加国に求め、カナダ、ロシア、日本は参加を決めています。これは、火星や小惑星への有人探査のための準備とも言われています。ヨーロッパ勢の対応が気になります。

国際宇宙ステーションによって、日本のように有人宇宙飛行の技術を持たない国でも、宇宙空間での長期滞在への道が開かれました。自前《じまえ》で有人宇宙飛行技術を持つことは、国家の威信や安全保障、経済効果などの面から利点はありますが、宇宙での有人活動における必要条件ではなくなりつつあるのです。

## ヨーロッパ、中国の宇宙開発

そもそも、有人活動だけが宇宙活動のすべてではありません。宇宙開発を激しく競《きそ》ったのはアメリカとソ連でしたが、その間、他の国が手をこまねいていたわけではありません。アメリカとソ連以外の国々も、それぞれ独自の方針で宇宙開発を進めていました。

今のところ、自力《じりき》で人工衛星を地球周回軌道に乗せた国はソ連、アメリカに次いで、フランス、日本、中国、イギリス、インド、イスラエル、イラン、北朝鮮の10カ国です。

フランスは一九六五年に、イギリスは一九七一年に、それぞれ人工衛星を地球周回軌道に乗せました。しかし、国ごとに開発を進めていたのではアメリカやソ連と張り合うことができないので、まとまって宇宙開発を進めるために、一九七五年にＥＳＡがつくられました。

現在の構成国は、オーストリア、ベルギー、チェコ共和国、デンマーク、エストニア、フィンランド、フランス、ドイツ、ギリシャ、ハンガリー、アイルランド、イタリア、ルクセンブルク、オランダ、ノルウェー、ポーランド、ポルトガル、ルーマニア、スペイン、スウェーデン、スイス、イギリスの22カ国です。

ＥＳＡは、一九七九年に最初のアリアン・ロケットを打ち上げ、その後も大型化や打ち上げ能力の強化などを進めています。

中国は、有人活動も含めた宇宙開発を自国だけで行なっています。中国の宇宙開発は、中国国家航天局《こっかこうてんきょく》（CNSA）によって進められています。

一九七〇年に人工衛星東方紅《とうほうこう》1号を地球周回軌道に乗せました。二〇〇三年には宇宙船神舟《しんしゅう》5号で楊利偉《ようりい》を地球周回軌道に乗せ、ソ連、アメリカに次いで、世界で三番目に単独で有人宇宙飛行を成し遂げた国になりました。

二〇一三年には無人探査機嫦娥《じょうが》3号を月面に降《お》ろしました。現在、天宮《てんきゅう》という宇宙ステーション計画を進めており、二〇二〇年以降に完成の予定です。さらに、有人月着陸に向けて、着実に歩みを進めているようです。

### 日本の宇宙開発

さて、わが国の宇宙開発ですが、日本はちょっと変わった宇宙開発国です。日本は一九七〇年、4段式の固体ロケットL《ラムダ》－4Sによって、世界で四番目に人工衛星「おおすみ」を地球周回軌道に乗せました。

実は、人工衛星打ち上げ能力を持つ国のなかで、日本だけが明確に核兵器を持たず、技術開発もしていません。ロシア、アメリカ、フランス、中国、イギリス、インド、北朝鮮は核保有国です。また、イスラエルは核兵器を持っている疑いが強く、イランは核兵器開発に向けて研究に取り組んだことが疑われています。

もともと、ロケットはミサイルとして開発が始められたこと、大陸間弾道ミサイルが人工衛星の打ち上げロケットの原型になったことに鑑《かんが》みると、核兵器とロケットの開発がセットで進められるのは自然な流れではあります。

いっぽう、日本のロケット開発は、軍事とは完全に切り離されています。「おおすみ」を打ち上げたL-4Sロケットには、なんと誘導装置がありませんでした。技術がなかったのではなく、ミサイルに転用可能なのは問題ではないかとの懸念《けねん》を受けてのことです。

日本のロケット開発が軍事と切り離されているのは、戦後の日本の宇宙開発が、航空工学者糸川英夫《いとかわひでお》のペンシルロケットという、大学での研究として始められたことがひとつの要因でしょう。

糸川の研究は、はじめから宇宙を目指していました。糸川は、長さが30センチメートルに満たないペンシルロケットを水平に飛ばしていた頃から、今の大型ロケットの打ち上げに通じる飛行管理をしていました。糸川の目には、鉛筆のように小さなロケットが横に飛んでいく先に、大型ロケットが宇宙に昇っていく姿が見えていたに違いありません。

糸川から始まった宇宙開発は、宇宙科学研究所（ISAS《アイサス》）に引き継がれ、L《ラムダ》やM《ミュー》などの固体ロケットによる科学衛星や探査機の打ち上げにつながりました。

それとは別に、国の機関として宇宙開発事業団（NASDA）が、液体ロケットによる実用衛星の打ち上げを進めていました。アメリカからの技術導入によって開発を始めたN-I、N-II、H-Iロケットを経《へ》て、H-IIロケットで純国産化をはたしました。

二〇〇三年に行政改革の一環として、ISASとNASDA、さらに航空宇宙技術研究所（NAL《ナル》）を合わせて、宇宙航空研究開発機構（JAXA）となり、現在に至ります。

現在、JAXAでは、液体ロケットのH-IIA/H-IIBと固体ロケットのイプシロンで、人工衛星を打ち上げることができます。有人ロケットの計画はありませんが、国際宇宙ステーションに物資を届ける宇宙ステーション補給機「こうのとり」は、1気圧に保たれる与圧部を備えており、国際宇宙ステーションの実験棟「きぼう」での活動と併《あわ》せて、有人宇宙活動の経験を積み重ねています。

## 民間企業の進出

もはや、宇宙空間は一部の国だけが使える特別な場所ではなくなりました。自力では打ち上げ能力がないのに人工衛星を持っている国が、50カ国ほどあります。さらに、最近は民間企業の宇宙進出が活発になっています。多分《たぶん》にアメリカ主導の傾向はありますが、さまざまな国の企業も加わってきています。

アメリカにとって、地表に近い宇宙空間はすでに税金を注《つ》ぎ込む場ではないようです。そこは利益を得る場として民間企業に任《まか》せ、税金はさらに遠くの月や火星、小惑星などに使おうとしているように見えます。

たとえば、ＮＡＳＡは二〇〇八年から、国際宇宙ステーションへの物資輸送について民間企業と委託契約を結んでいます。二〇一二年にスペースＸがファルコン９ロケットで補給船ドラゴンを、二〇一三年にはオービタル・サイエンシズ（現・オービタルＡＴＫ）が、アンタレスロケットで補給船シグナスを、それぞれ国際宇宙ステーションに送り届けました。以降、定期的に補給物資などの貨物輸送を続けています。

二〇一九年からは、新たにシエラ・ネバダ・コーポレーションも国際宇宙ステーションへの貨物輸送に加わることになりました。同社の宇宙船ドリームチェイサーは、スペースシャトルと同じ再使用型有翼往還機です。

貨物輸送とは別に、民間企業による有人宇宙船の開発も進められています。NASAは二〇一五年に、宇宙飛行士輸送の委託先として、ボーイングとスペースXの2社を選びました。順調に開発が進めば、二〇一七年にも有人飛行が行なわれる予定です。

実は、シエラ・ネバダ・コーポレーションは、もともと宇宙飛行士を運ぶ有人宇宙船として、ドリームチェイサーの開発を進めていました。しかし、NASAの審査に落ちてしまい、無人の補給船に切り替えて、貨物輸送の契約を得たのです。

これらの民間企業の打ち上げロケットは、国際宇宙ステーションに人や物資を届けるためだけでなく、人工衛星を打ち上げるためにも使われます。このため、人工衛星の打ち上げは費用が下がり、機会も増える傾向にあります。世界の人工衛星の打ち上げシェアは、ESAとロシアでほぼ半分ずつ分け合っていましたが、新たに民間企業が加わることで状況がどう変わっていくのか気になります。

日本の企業もけっして負けてはいません。H-ⅡA/H-ⅡBロケットの打ち上げ事業は、二〇〇七年にＪＡＸＡから三菱重工業に移されています。

各国の宇宙機関と民間企業が入り乱れる人工衛星打ち上げ市場で、業績を上げていかなければなりません。その意味で、日本初の純粋な商業打ち上げとして、二〇一五年にカナダの企業・テレサットの通信放送衛星を静止軌道に向かうための静止トランスファー軌道に乗せたのは快挙です。

## 超小型衛星

ロケットで打ち上げられる人工衛星も、裾野《すその》の広がりを見せています。最近の人工衛星の傾向は小型化、低コスト化です。

人工衛星は、打ち上げロケットの大型化と歩調を合わせるように、大きくなっていきました。打ち上げ費用が高いために機能を詰め込み、運用期間を延《の》ばすために大きくなった面もあります。大型の人工衛星の重さは5トンを超え、寿命は15年以上になっています。

大きな人工衛星の製作には、人手《ひとで》も時間もかかるので、費用もかかります。また、運用期間を長くするには信頼性を上げなければならず、高価な宇宙専用部品を使うので、費用が嵩《かさ》みます。ですので、大型の人工衛星の価格は数百億円に達します。

しかし、近年、打ち上げ費用が下がったことや高性能になったロケットの余剰能力を使った相乗《あいの》りができるようになったことで、小型で低コストの人工衛星という選択肢が出てきました。

重さが100キログラムを切る超小型衛星には、1辺が10センチメートルの立方体に収まるキューブサット（写真10）から、1辺が数十センチメートルのものまでいろいろな形式がありますが、二〇一三年頃から増加傾向です。二〇一二年からは、国際宇宙ステーションの実験棟「きぼう」からのキューブサットの放出も行なわれています。

超小型衛星の製作には人件費があまりかからず、民生品《みんせいひん》を使うことで費用を抑えることができるので、価格は1億円ほどと、大型衛星の100分の1程度です。低コストでできるようになると、使われ方も変わります。多くの人たちの多様なニーズに応《こた》え、日常的に宇宙空間を使うことができるようになるでしょう。

超小型衛星は、大学での研究や教育だけでなく、企業や宇宙機関でも関心が高まり、すでに多くの超小型衛星が実用に供《きよう》されています。宇宙は夢の場所ではなく、誰もが気軽

**写真10 キューブサット**

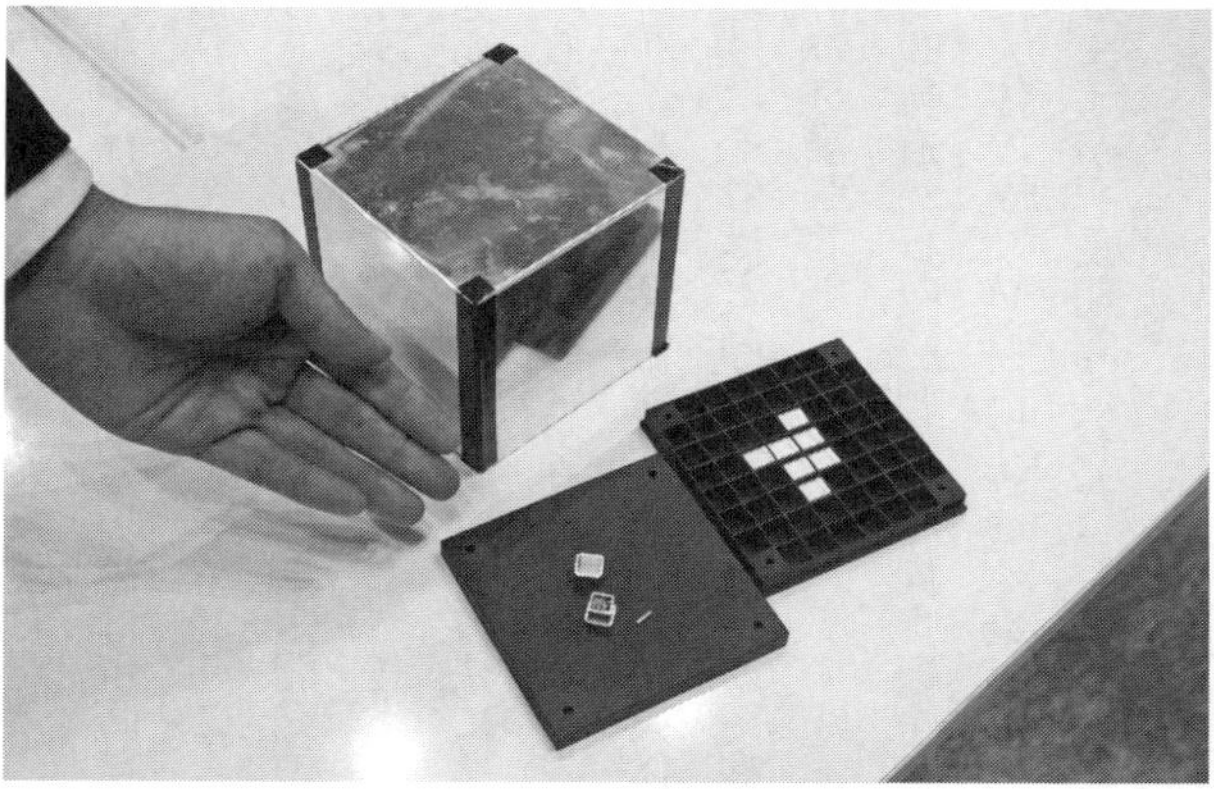

アメリカのベンチャー企業による宇宙葬に使われるキューブサット(奥)。手前には、遺灰を入れるチューブやトレイが見える

に使える場所となりつつあるのです。

## 探査機の派遣

とはいえ、日常的に使えるようになった宇宙空間は今のところ、地球のごく近《きん》傍《ぼう》に限られています。

宇宙には、人類がまだ知らないことがたくさんあります。望遠鏡で見るだけでもかなりのことがわかりますが、そこまで行って調べることができれば、圧倒的に多くの情報が得られます。

たとえば、月については、アポロ計画で月面に残してきた観測装置や宇宙飛行士が持ち帰ったサンプルによって、月や地球の起源の解明などが進みました。

人類が行くことができた天体は現時点で、月だけです。月より遠い天体には行ったことはありません。しかし、あきらめることはありません。人が行けなくても、探査機を送り込む方法があります。人類は宇宙開発の初期から、太陽系のさまざまな天体に探査機を送り込み、データや映像を手にしてきました。

探査機で目的の天体を調べる方法には、フライバイ、周回軌道、着陸、サンプルリターンがあり、順に難易度が高くなります。

フライバイでは、探査機が目的の天体の近くを通り過ぎる間に観測をします。技術的な難易度はそれほど高くありませんが、観測機会が一度しかなく、観測にかけられる時間が短いのが難点です。

周回軌道からの観測では、探査機を目的の天体の周回軌道に乗せます。地球から遠く離れた天体の周回軌道に探査機を乗せなければならないので、フライバイよりも難易度は上がりますが、長期間にわたって観測可能で、天体の全体像をとらえる手段として有効です。

着陸による観測では、探査機を天体の表面に降《お》ろします。難易度は周回軌道への投入よりさらに高くなりますが、天体の表面で観測や分析ができるので、軌道上からの観測より細《こま》かく調べることができます。大きく分けて、降りた場所から動かないランダーと表面を動き回るローバーがあります。ローバーは着陸後の観測結果にもとづいて移動先を決めることができるので、ランダーよりも大きな成果が見込めます。

サンプルリターンでは、探査機は天体の表面から試料を採《と》り、地球まで持ち帰ります。目的の天体まで行って表面に降り、試料を採って表面から離れ、地球まで戻らなければならないので、難易度はもっとも高く、成功例はまだ数例しかありません。しかし、天体の試料に直接触れることができるので得られる成果は大きく、設備が整《ととの》った実験室での詳細な分析によって、その天体の成り立ちなどを知ることができます。

**太陽系へ**

人類は、太陽系のすべての惑星に探査機を送っています。

水星にはじめて達した探査機はアメリカのマリナー10号で、一九七四年にフライバイで水星の映像を送ってきました。二〇一一年には、アメリカのメッセンジャーが周回軌道に乗り、太陽に近いにもかかわらず極域《きよくいき》（南極、北極およびそれらを含む地域）のクレーターの底に水の氷があることを明らかにしました。二〇一八年には、JAXAとESAがベピ・コロンボを打ち上げる予定です。

金星にはじめて達した探査機はアメリカのマリナー2号で、一九六二年にフライバイをしました。はじめての着陸は一九七〇年、ソ連のベネラ7号で、表面温度が465度、圧力90気圧とのデータを送ってきました。一九七五年には、ベネラ9号が厚い雲の下に隠されていた金星表面の画像をはじめて送ってきました。その後も、アメリカやソ連などがたくさんの探査機を送り込んでいます。二〇一五年には、日本の「あかつき」が周回軌道に乗りました。

火星にはじめて達した探査機はアメリカのマリナー4号で、一九六五年にフライバイで火星の映像を送ってきました。はじめての着陸は一九七六年、アメリカのバイキング1号のランダーが表面の画像を撮り、表面に生命の痕跡《こんせき》がないことを確かめました。一九九七年には、アメリカのマーズ・パスファインダーによって運ばれた初のローバーであるソジャーナが火星の表面を動き回りました。

火星にも、アメリカやソ連が多くの探査機を送り込んでいます。二〇一二年からは、キュリオシティの愛称で知られるマーズ・サイエンス・ラボラトリーが活動中です。軌道上でも複数の探査機が活動中で、有人飛行に必要となる詳細な地形や気象のデータを集め続けています。二〇〇三年にはＥＳＡが、二〇一四年にはインドが、それぞれ探査機を周回軌道に乗せています。

木星にはじめて達したのはパイオニア10号で一九七二年にフライバイ、土星にはじめて達したのはパイオニア11号で一九七九年にフライバイ、天王星と海王星にはボイジャー2号が一九八六年と一九八九年にフライバイをしています。いずれもアメリカの探査機です。木星よりも外側の惑星の探査は、ヨーロッパ勢との協力による計画が数例ありますが、ほぼアメリカの独壇場です。

惑星探査機として打ち上げられたにもかかわらず、飛行中に目的の天体が惑星ではなくなってしまった探査機もあります。冥王星探査機のニュー・ホライズンズです。ニュー・ホライズンズは二〇〇六年の一月に打ち上げられましたが、同年八月に開かれた国際天文学連合の総会で惑星の定義が決められ、冥王星は惑星ではなく、準惑星になってしまいました。

だからといって、成果が削《そ》がれるわけではなく、二〇一五年の冥王星フライバイで鮮明な画像を送ってきました。ニュー・ホライズンズは現在も、エッジワース・カイパーベルト（海王星軌道の外にある、小惑星や氷・ちりなどが密集した領域）にある太陽系外縁天体2014 MU69に向けて飛行中です。

## 小惑星、彗星《すいせい》へ

小惑星にはじめて達した探査機はアメリカのガリレオで、木星に向かう途中の一九九一年に小惑星ガスプラを、一九九三年には小惑星イダを、それぞれフライバイで通り過ぎています。

小惑星にはじめてとどまったのはアメリカのニア・シューメーカーで、二〇〇〇年に小惑星エロスの周回軌道に乗り、着陸用の装置を備えていないにもかかわらず、二〇〇一年に着陸をさせています。

二〇〇五年には、日本の「はやぶさ」が小惑星イトカワに着き、表面から試料を採《と》って、二〇一〇年に地球に持ち帰りました。これは人類にとって、月より遠い天体の表面からのはじめてのサンプルリターンです。

現在は、二〇一四年に打ち上げられた「はやぶさ２」が、小惑星リュウグウからのサンプルリターンに向けて飛行中です。リュウグウへの到着は二〇一八年、地球への帰還は二〇二〇年の予定です。

彗星にはじめて達した探査機は、一九八五年にジャコビニ・ツィナー彗星をフライバイで通り過ぎたアメリカのアイスです。一九八六年には、76年ぶりに太陽に近づいたハレー彗星にソ連、日本、ヨーロッパ、アメリカの探査機が向かいました。二〇一四年にはＥＳＡのロゼッタがチュリュモフ・ゲラシメンコ彗星に着き、切り離したランダーのフィラエが着陸を成し遂げ、人類初の彗星への着陸となりました。

これらの宇宙探査機の第一の目的は、もちろん天体などの観測ですが、人類の宇宙観にも大きな影響を与えています。特に、探査機から送られてくる臨場感のある鮮明な画像は大きなインパクトがあります。

もっとも、鮮明な画像だけが宇宙観に影響を与えるとは限りません。「ペイル・ブルー・ドット（写真11）」と呼ばれる写真があります。これは、一九九〇年に地球から約60億キロメートル離れたところで、ボイジャー1号が故郷を振り返って地球を撮ったもので、その名の通り地球が淡《あわ》く青い点として写っています。

撮影は、アメリカの天文学者カール・セーガンの提案によって行なわれました。セーガンはNASAの惑星探査機の計画にかかわっていましたが、科学啓蒙書やSFを書いたり、テレビ番組「コスモス」の監修を務めたりしました。セーガンは、「ザ・ブルー・マーブル」を見慣れて、これが地球だと考えるようになった人類に、地球は広い宇宙のなかにあるという視座を改めて与えてくれました。

セーガンは、パイオニア10号・11号に取り付けられた、人間の男女の姿と地球に関する情報が刻《きざ》まれた金属製の銘板や、ボイジャー1号・2号に積まれた地球の生命や文化の存在を伝える音や画像が収められているゴールデン・レコードにもかかわっています。これらは、太陽系を飛び出し、星々の世界を進んでいきます。銀河の世界へ踏み出す人類の第一歩の象徴としての役割があるのです。

## 今後の宇宙開発

宇宙活動の歴史を振り返ると、夢や憧れなど個人的動機に端《たん》を発する流れに、共感を覚えた人たちが次々に加わり、時代の奔流《ほんりゅう》に巻き込まれながらも流域を広げ、研究、開発だけでなく輸送から観光まで、広範囲を潤《うるお》すようになったことがわかります。

写真11 ペイル・ブルー・ドット

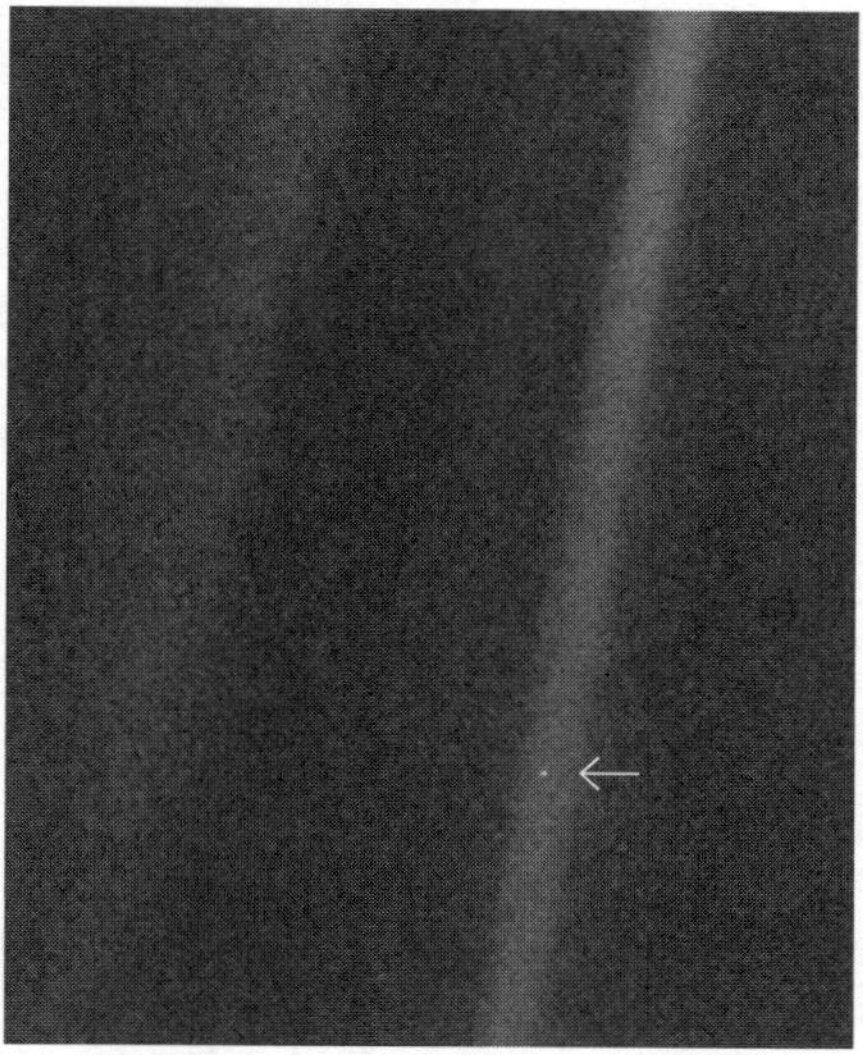

1990年2月14日、ボイジャー1号によって撮影された地球(矢印)。光の帯は、太陽光の散乱によるもの

宇宙は限られた人たちしか行けない冒険の時代から、一般の人たちでも行ける大衆化の時代へと移りつつあります。

それは、NASAのペイロードスペシャリスト(搭乗科学技術者)としての訓練を積んでいたJAXAの宇宙飛行士・向井《むかい》千秋《ちあき》が、チャレンジャー事故後に語った「われわれは冒険者ではなく、搭乗科学者です。死んでしまっては役に立たない。原因が究明され、安全が確保されなければ、現時点では乗ろうと思わない」というコメントに、象徴的に表われています。

宇宙飛行士が宇宙開発で亡くなっているのは、地上試験中の火災で亡くなった3人を除くと、すべて打ち上げ時か大気圏への再突入時です。地表と宇宙との間が安全にならなければ、この流れは涸《か》れないまでも、下流を潤すほどの大きな流れにはならないでしょう。限られた人だけが宇宙に行ける時代から、多くの人が宇宙に行ける時代へという、この流れを止めることなく、さらに先まで、広く流し続けるためには、より多く、より安く、より安全に、人や物を宇宙空間に運ぶ手段が必要です。

この流れの先に、宇宙エレベーターがあります。本章の最後に、宇宙エレベーターの歴史を見てみましょう。

## 宇宙エレベーター① 発想

宇宙エレベーターのアイデアが生まれたのは意外に古く、十九世紀末のことです。一八九五年、前述の宇宙飛行の父・ツィオルコフスキーが、「赤道上に塔を建て、どんどん高くしていくと、静止軌道に達したところで無重力状態になる」と、科学エッセイ「空と大地の間、そしてヴェスタの上における夢想」（『地球と空の夢』所収）に書いています。ツィオルコフスキーがロケットによる宇宙飛行の原理を明らかにしたのは一八九八年ですから、ロケットの原理の発表よりも前のことです。

しかし、地表から塔を伸ばして宇宙に行くというアイデアは、原理的には可能ですが、実現は不可能です。高い塔を建てようとすると、下になるほど大きくなる末広《すえひろ》がりの形状にしなければなりません。

たとえば、高さ１００キロメートルの塔をコンクリートで建てようとすると、建て方にもよりますが、底面の半径が１５００キロメートルを超えます。その下に日本列島がすっぽりおさまってしまうほどの大きさです。地球上のどんな山よりもはるかに大きな建造物になります。コンクリートの原料にするためのセメントや砂や砂利《じゃり》の量を考えるだけで、気が遠くなります。

考えてみれば、地球上でもっとも高い山でも高さは10キロメートルに届きません。それだけ、地球の重力が大きいのです。ツィオルコフスキー自身も、静止軌道に達する塔というアイデアをさらに進めることはなかったようです。

地表から塔を伸ばすのではなく、静止軌道からケーブルを伸ばして地表と結ぶというアイデアは、ソ連の科学者ユーリイ・アルツターノフが、一九六〇年七月三十一日付《づけ》の新聞「コムソモリスカヤ・プラウダ」に若者向けに書いた記事「電車で宇宙へ」が最初と言われています。アルツターノフは、ケーブルを静止軌道から地表側とその反対側にそれぞれ伸ばすというアイデアだけでなく、軌道カタパルトについても述べています。

しかし、この静止軌道からケーブルを伸ばすというアイデアも、すでに見てきたように、実現は不可能とされてきました。静止軌道と地表を結ぶためのケーブルに求められる強さと軽さが、当時としては非現実的だったからです。

同記事には、ケーブルの長さについては数値が示されていますが、ケーブルに求められる強さと軽さについての具体的な記述はありません。これはまったくの想像ですが、アルツターノフは若者に向けて夢を語るために、あえてケーブルに求められる強さと軽さには触れなかったのかもしれません。

### 宇宙エレベーター② 発明

ツィオルコフスキーやアルツターノフのアイデアはロシア語で書かれていたため、広く世界中に知られることはありませんでした。

日本では、雑誌「SFマガジン」一九六一年二月号に載《の》ったアルツターノフの記事の日本語訳によって、SFファンを中心にある程度知られていましたが、欧米諸国ではほとんど知られていなかったようです。そのためか、その後も何度か、それぞれ独立した宇宙エレベーターの再発明がありました。

たとえば、一九六六年にアメリカのスクリップス海洋研究所のジョン・D・アイザックス、ヒュー・ブラッドナー、ジョージ・E・バッカスとウッズホール海洋研究所のアレン・C・ヴァインが、科学誌「サイエンス」一九六六年二月十一日号に短い報告文を書いています。そこでは、スカイフックという縦に引き延《ひの》ばされた人工衛星について述べ、水晶やダイヤモンドなど、ケーブルに使えると思われる6種類の材料の比較をしています。

また、一九七五年にはアメリカ空軍航空力学研究所のジェローム・ピアソンが、科学誌「アクタ・アストロノーティカ」に、軌道塔という呼び方で宇宙エレベーターについての論文を書いています。

ピアソンの論文に刺激を受けたのか、宇宙エレベーターの名前を世に知らしめるSFが一九七九年に相次いで書かれました。それが、すでに何度か触れたアーサー・C・クラーク著『楽園の泉』と、チャールズ・シェフィールド著『星ぼしに架ける橋』です。しかし、やはり問題になったのはケーブルの素材でした。逆に言えば、ここをどう乗り切るかが、作家の腕の見せ所《みどころ》でもあったわけです。

一九九一年、強さと軽さを兼《か》ね備えたカーボンナノチューブが、NEC基礎研究所の飯島澄男《いいじますみお》（現・名城大学終身教授、文化勲章受章者。ノーベル化学賞・物理学賞の候補にも擬《ぎ》せられる）によって見つけられたことで、状況が変わりました。

宇宙エレベーターが「アイデアとしてはエレガントでおもしろいけど、夢物語にすぎないね」から、「現実的な問題として真面目《まじめ》に考えてみようか」に変わったのです。

その契機になったのが、一九九九年にNASAのマーシャル宇宙飛行センターで開かれた「高度な宇宙インフラストラクチャーに関するワークショップ」と、二〇〇〇年に同じくNASAの助成を受けた前述のブラッドリー・C・エドワーズによる研究（35ページ）

で、それぞれ宇宙エレベーターの理論的な実現性についての検討が行なわれました。これらの研究によって、ケーブルにカーボンナノチューブを使うことで宇宙エレベーターは実際につくることができるかもしれない、という気運が高まったのです。そして、現在、世界各地で宇宙エレベーターの実現に向けた真剣な議論が本格的に始まっているのは第2章で見た通りです。

クラークは「すぐれたアイデアの発展には三つの段階がある。最初の段階では、あなたは他の人から、『それは馬鹿げた考えで、うまくいくはずがない』と言われます。ふたつめの段階では、『あなたの考えはうまくいくかもしれないが、やる価値はない』と言われます。いよいよ三つめの段階になると、『最初からすごいアイデアだと言っていただろう』と言われるのです」と語っています。

私たちは、１００年以上にわたる宇宙エレベーターの歴史のなかで、はじめて三つめの段階に踏み込もうとしているのです。

# 第6章

# 宇宙エレベーターが開く未来

## 新たな時代

宇宙エレベーターができると、私たちの生活はどう変わるのでしょうか。

宇宙開発の情勢は、限られた人や国の手から多くの人や国の手へ、という流れにあることを、前章で見てきました。宇宙エレベーターはこの流れを、さらに広く、速くします。

たとえば、宇宙の日常化が進みます。宇宙エレベーターならば、地球から物資を大量に持ち上げることができるので、宇宙での暮らしを楽に支えることができます。宇宙での生活基盤が整《ととの》うことで、宇宙で暮らす人が劇的に増えます。

宇宙の日常化が進むと、地球も恩恵を受けます。宇宙エレベーターは、宇宙から地球にさまざまなものを下ろすこともできます。たとえば、小惑星からは資源が、宇宙太陽光発電衛星からはエネルギーが下りてきます。

宇宙エレベーターによって、地球と宇宙の行き来がさかんになると、本格的な宇宙時代の幕《まく》が開きます。宇宙エレベーターが世界をどう変えていくのか、地表に近いところから遠いところに向かって、順に見ていくことにしましょう。

## 宇宙観光

まず、高度が数百キロメートルの低高度の利用から見ていきます。

低高度の利用としては、人工衛星の軌道への運搬やメンテナンスなども考えられますが、目玉はなんといっても観光でしょう。宇宙エレベーターができると、宇宙旅行が手軽に楽しめるようになります。

宇宙への観光旅行は世間の関心は高いものの、まだまだ高嶺《たかね》の花です。たとえば、ロシアが国際宇宙ステーションに民間人を連れて行った時の費用は、数日間の滞在で数十億円と言われています。また、まだ始まってはいませんが、ロケットで高度百キロメートルまで上り、数分間の無重力状態を楽しんで地上に戻る弾道飛行では、約２時間の飛行で２０００万円から３０００万円です。

宇宙旅行が高いのは、ロケットによる打ち上げ費用が高いからです。機体の再使用で費用を抑えようという計画もありますが、それにも限度があります。

宇宙旅行が身近になるには、現在の海外旅行と同じくらいの負担で行けるようになる必要があります。期間は１週間で費用は数十万円、といったところでしょうか。ロケットでこれを成し遂げるのは、至難の業《わざ》です。

しかし、宇宙エレベーターならば難しくはありません。もともと、宇宙エレベーターのほうがロケットより格段に安く宇宙に行けるうえに、予算に応じてクライマーの高度や宇宙空間での滞在時間を選べるからです。

また、静止軌道ステーションなどに向かうクライマーが低高度を通り過ぎたあとに、観光用のクライマーを地表と低高度の間で何往復もさせれば、ケーブルを無駄なく使えるので費用を抑えることができます。

さらに、宇宙旅行とは言えませんが、成層圏までならば数万円か、もっと安く行けるかもしれません。成層圏までしか上らないのなら、クライマーの構造を単純にして機体を軽くできるので、費用も抑えられるはずです。

「宇宙空間ではなくて、成層圏か」と思うかもしれませんが、どこよりも圧倒的に高い展望台になります。東京スカイツリーやロンドン・アイに年間数百万人もの観光客が集まるのですから、成層圏クライマーにも大勢の観光客が集まるでしょう。

## ロケットとの違い

同じ宇宙旅行でも、ロケットと宇宙エレベーターでは異なる点があります。

たとえば、ロケットで地球周回軌道に打ち上げられた宇宙船は地表に対して秒速8キロメートルほどで動いていますが、宇宙エレベーターは地表に対して止まっています。また、軌道上の宇宙船内は無重力状態ですが、クライマーは静止軌道高度を除いて無重力状態にはなりません。

宇宙旅行なら、目眩《めくるめ》く地表の眺望や無重力体験がセールスポイントの上位に入るはずです。もし、宇宙エレベーターでは楽しむことができないとしたら、興醒《きょうざ》めです。

しかし、心配は無用です。地表の眺望については、確かに宇宙エレベーターのクライマーから見下ろす場所は変わりませんが、だからといって見える景色が変わらないわけではありません。雲が地表に描く景色は次第に移り変わり、その様子も太陽の角度によって刻々《こくこく》と変わっていきます。

また、日の出《ひので》や日の入り《ひい》では、地球を縁取《ふちど》る朝焼けや夕焼けを見ることができます。朝焼けや夕焼けは宇宙船でも見えますが、地球1周が90分なので、あっという間《ま》に終わってしまいます。しかし、宇宙エレベーターなら、地球の自転と同じ24時間なので、美しい光景をじっくり楽しめます。

さらに、瞬《またた》かない鮮明な星々を昼間でも見ることができます。地表で星がチラチラと瞬くのは、空気の揺《ゆ》らぎによって光の道筋がふらつくからです。また、昼間の空に星が見えないのは、空気の分子によって太陽光が散らされ、空全体が明るくなっているからです。どちらの現象も、大気のない宇宙空間では起きません。

また、光が空気に遮《さえぎ》られないので、地表では見えないような暗い星でも、宇宙では見ることができます。天《あま》の川《がわ》の星々が見分けられるとも言います。

もちろん、こうした現象は宇宙空間に出れば起きるので、宇宙船からでも見えますが、動きが速いため、ゆっくり眺《なが》めるのには不向きです。宇宙エレベーターなら、鮮明な星空を心ゆくまで眺めていることができます。

では、無重力状態についてはどうでしょうか。

残念ながら、低高度のクライマーでは無重力状態にはなりませんが、あきらめることはありません。宇宙エレベーターによる宇宙旅行では、無重力体験のオプショナルツアーが選べるようになるかもしれません。

たとえば、行《い》きはクライマーで低高度まで上り、帰りは帰還船で地球に戻る、という「自由落下オプション」が考えられます。これならば、帰還船でクライマーを離れてから大気圏再突入までの間、無重力状態を楽しめます。

また、宇宙船で地球を1周してクライマーに戻る、という「地球1周オプション」も考えられます。クライマーから地球周回軌道に乗るには、すこし高い高度までケーブルを上るか、クライマーを離れてからロケット噴射による加速が必要ですが、地表からの打ち上げに比べれば割安です。宇宙船に乗っている間は、眼下に流れる地表のさまざまな場所を眺めながら、無重力状態を楽しむことができます。

### 無重力状態と宇宙酔《よ》い

とはいえ、クライマーが無重力状態にならないのは悪いことばかりではありません。無重力状態になると、血液の移動や平衡《へいこう》感覚の混乱などによって、目眩《めまい》や吐《は》き気《け》など「宇宙酔い」と呼ばれる症状が出ます。これは、船酔いと同じで、なりやすい人となりにくい人がいますが、誰にでも起きる現象です。

また、無重力状態では身体の動かし方に気を配らないと、思わぬ事故に遭《あ》う危険があります。ロケットによる宇宙旅行では、重力がない状態での身体の動きや身のこなしなどを知るために、多少なりとも訓練を受けておかなければなりません。しかし、宇宙エレベーターでは、低高度までなら無重力状態になることはないので、訓練は不要です。重力の大きさは地表とさほど変わらないので、ふだんと同じように過ごすことができます。

ロケットによる宇宙旅行で、もうひとつやっかいなのが、打ち上げ時の大きな加速度です。体重が地表の3倍から4倍に感じるほどの加速です。しかも、ロケットの噴射が終わると、一瞬で無重力状態になります。身体にかかる負担が大きいので、誰でも乗れるというわけにはいかないのです。

いっぽう、クライマーの加速度はふわっと感じる程度です。地上のエレベーターで感じる加速とほぼ同じで、体重の変化はほとんどわかりません。つまり、地上のエレベーターに乗れるのなら、宇宙エレベーターにも乗れるのです。

宇宙エレベーターで行く低高度は、老若男女を問わず、宇宙空間という非日常を手軽に楽しめる観光スポットになります。冠婚葬祭の場としても使われるでしょう。

たとえば、地球を眼下に望みながら、満天の星のもとで愛を誓《ちか》う結婚式はいかがでしょう。宇宙エレベーターなら、低高度で大勢の招待客を招いて披露宴を開き、式を挙げたカップルはさらに静止軌道ステーションでハネムーン、というプランも可能です。

## もっと速く!

宇宙エレベーターがロケットより不利なのは、宇宙までの所要時間です。地表から高度数百キロメートルまでの所要時間は、ロケットならわずか数分ですが、宇宙エレベーターでは数時間かかります。移動時間を楽しむ贅沢《ぜいたく》な旅もありますが、移動手段として早く着けるに越したことはありません。クライマーはもっと速くならないものでしょうか。

クライマーの速さは、駆動方式によって異なります。現在の想定では、ケーブルを駆動輪で挟《はさ》む接触式が考えられています。速さは時速約200キロメートルと言われているので、国際宇宙ステーションと同じ高度400キロメートルに2時間、高度3万6000キロメートルの静止軌道ステーションには7日半かかります。

もっとも、初期の宇宙エレベーターでは、この程度の速さも難しいかもしれません。真空中での潤滑《じゅんかつ》という難題があるからです。駆動輪には回転軸がありますが、回転部分を完全に覆《おお》うことはできないので、宇宙空間では真空に曝《さら》されます。真空中では、地表で使われているような液体の潤滑剤は使えません。そのため、性能的に劣《おと》る固体の潤滑剤が使われますが、性能が劣るぶん、回転を遅くしなければなりません。

真空中での潤滑の問題は、クライマーに限ったことではありません。たとえば、国際宇宙ステーションでも、真空中で動くロボットアームのような機械は、摩擦が大きくならないように、ゆっくり動かすなどの対応で凌《しの》いでいます。宇宙空間でも使える、性能のすぐれた潤滑剤の登場が待たれます。

クライマーを速くする切り札に、ケーブルに組み込まれたリニアモーターで上り下りする、非接触の駆動方式があります。リニアモーターなら回転軸がないので、潤滑の問題はありません。さらに、接触部分の摩擦もないので、接触式より圧倒的に速くできます。

地上の鉄道では、レールに接する車輪で進む列車よりも、浮き上がって進むリニアモーターカーのほうが速く走らせることができます。クライマーもこれと同じです。しかも、宇宙空間に出てしまえば空気抵抗がないので、時速1000キロメートルも夢ではないと言われています。宇宙までの所要時間は格段に短くなり、高度400キロメートルに24分、静止軌道ステーションでも36時間ですみます。

リニアモーターはケーブル側にも装置がいるので、ケーブルの強度に余裕がなければ設置はできません。将来的にケーブルの強度に余裕ができた時には、リニアモーター駆動のクライマーが、宇宙をさらに身近にしているでしょう。

## 人工衛星、スペースデブリとの衝突は？

宇宙が身近になると、地表では気にならなかったことが、新たな心配の種《たね》になることもあります。たとえば、スペースデブリとの衝突です。実際に、スペースデブリとの衝突で、人工衛星が壊《こわ》れてしまったことがあります。宇宙エレベーターのケーブルやクライマーに危険はないのでしょうか。

スペースデブリは、前述のように機能を失った人工衛星など宇宙のゴミですが、地球の周囲を回っている原理は人工衛星と同じであり、物理的には人工衛星そのものです。

地表から見れば、人工衛星は動いていますが、ケーブルは止まっています。つまり、人工衛星はケーブルに対して動いています。また、人工衛星の軌道は赤道上を通りますが、ケーブルは赤道上に伸びています。つまり、人工衛星の軌道はケーブルと交《まじ》わっています。

人工衛星がケーブルに対して動いていて、人工衛星の軌道がケーブルと交わっているということは、人工衛星は何もせずに放っておくとケーブルにぶつかるということです。つまり、すべてのスペースデブリもケーブルにぶつかる可能性があるわけで、対策を考えておかなければなりません。

人工衛星との衝突は、宇宙エレベーター側が避《さ》けることで防ぎます。人工衛星の軌道は事前にわかっているので、衝突の危険があれば、人工衛星が近づく前にケーブルを操《あやつ》って避けます。その間、クライマーは近づいてくる人工衛星の高度から離れた高度で待っていれば、衝突の心配はありません。

大きさが10センチメートルより大きいスペースデブリも、人工衛星と同じように、宇宙エレベーター側で避けることができます。10センチメートルより大きな物体は、レーダーによる追跡によって軌道がわかるからです。

問題は、10センチメートルより小さいスペースデブリです。今のところ、10センチメートルより小さい物体は軌道がわかっていないので、避けようがありません。やっかいなことに、小さなスペースデブリほど、数が多くなります。小さいと衝突のエネルギーは小さいのですが、数が多いために衝突の頻度は高くなります。

衝突が避けられないのなら、衝突によって障害が起きないように、あらかじめ防護策を講《こう》じておかなければなりません。国際宇宙ステーションでは、小さなスペースデブリがぶつかっても機体に穴が開かないように、バンパーが取り付けられています。ならば、クライマーにも同じようなバンパーをつけておけば心配はないでしょう。

ケーブルのほうはもうすこしやっかいです。ケーブルの強度に余裕がなければバンパーはつけられないうえに、長いために衝突頻度が高くなるからです。小さなスペースデブリとの衝突が、ケーブルの切断など重大な事態にならないための対策が求められます。たとえば、ケーブルを網目状にすることで、一カ所が切れても全体は切れない構造などが考えられています。

また、補修を含めたケーブルのメンテナンスも考えておく必要があります。たとえば、新幹線のドクターイエローのように、走行中にケーブルの状態を調べる機能がクライマーに備えられるでしょう。

スペースデブリは、宇宙エレベーターだけでなく、宇宙開発全体にとっての課題です。このまま放っておくと、スペースデブリどうしの衝突によって数が雪だるま式に増える「ケスラーシンドローム」と呼ばれる現象が起きるのではないかと、案じられています。誰もが安全に使える宇宙空間にするために、まずはこれ以上スペースデブリを増やさないことが肝心です。

## 高機能材料の製造工場と研究施設

低高度の次は、静止軌道高度の利用について見てみましょう。

静止軌道ステーションは、宇宙エレベーターで唯一、無重力状態になっているところです。重力を感じないので、巨大な施設をつくってもケーブルに負担はかかりません。その利点を活《い》かして、宇宙エレベーターの中枢となる施設はもちろん、人類の宇宙での活動を支えるための拠点となる、さまざまな施設がつくられます。

たとえば、大型の宇宙船ドックがつくられます。宇宙船ドックに大小さまざまな宇宙船が並ぶ様子は壮観なことでしょう。火星との行き来に使われる豪華客船、小惑星からの資源の運搬に使われる大型輸送船、クルーザーのような小型の自家用船もあるはずです。

宇宙エレベーターがあれば、地表と宇宙との行き来にはクライマーが使われるので、宇宙船はその名の通り、宇宙空間だけで使われるようになります。

無重力状態の静止軌道ステーションならば、地上の重力に縛《しば》られていた従来の宇宙船とは根本的に異なる発想で、宇宙船をつくることができます。具体的には、地表から重力に逆《さか》らって宇宙空間に持ち上げる必要がないので、機体をより軽く、大きくできます。軽くなれば、そのぶんをさまざまな装備や燃料に回せます。大きくなれば、一度に大勢の人やたくさんの貨物が運べます。こうしてつくられた軽量で大型の宇宙船が、人類の本格的な宇宙活動を支えることでしょう。

また、高機能材料の製造工場がつくられるかもしれません。合金や複合材、シートやフィルム、ナノマテリアルのような高機能材料は、さまざまな性質や機能を与えるために、複数の素材を組み合わせます。また、半導体やガラスのように、高い純度が求められる材料もあります。こうした材料の製造には、無重力環境が向いています。

無重力状態では、比重の差による分離や、温度の差による対流は起きません。複数の材料を混ぜ合わせたり組み合わせたりすることが多い、合金や複合材などの製造に向いています。

また、無重力状態では、原料を空中に浮かせたまま扱うことができます。原料が容器に触れないので、容器からの不純物の混入が防げます。高い純度が求められる、半導体やガラスなどの製造にも向いています。

このような高機能材料は、さまざまな工夫によって、地表でもつくられてきましたが、無重力状態を活《い》かすことで、よりすぐれたものを、より安くつくることができるようになるでしょう。静止軌道ステーションの工場でつくられる高機能材料は、宇宙船などに使われるのはもちろん、地上の生活も変えるかもしれません。

静止軌道ステーションは、研究の場としても適しています。現在、国際宇宙ステーションが担っている研究活動に関する役割のほとんどは、静止軌道ステーションに引き継がれるでしょう。

さらに、静止軌道ステーションは、国際宇宙ステーションとは比較にならないほど大きな施設になるので、はるかに多様な研究を受け入れることができます。しかも、宇宙飛行士ではなく、研究者自身が研究に携《たずさ》わることができるようにもなります。

地表から遠く隔《へだ》たり、さまざまな誘惑や雑音から切り離されている静止軌道ステーションでは、研究も捗《はかど》るはずです。もしかすると、研究者たちがこぞって行きたがる、人気の研究拠点になるかもしれません。

## 宇宙リゾート

人気の施設と言えば、静止軌道ステーションでの観光施設はどうなるでしょう。

観光資源としての静止軌道ステーションは、リゾート向きです。地表から静止軌道までは3万6000キロメートル、地球1周の9割ほどの距離があります。旅行で訪れるには費用も時間もかかるので、高級志向で長期滞在型の施設に向いています。

宇宙エレベーターなら宇宙に安く行けるといっても、移動距離が長くなれば、それだけ費用は嵩《かさ》みます。山小屋のビールと同じで、高度が上がるほど物価も上がります。そのため、静止軌道ステーション内で賄《まかな》えるものは繰り返し使われ、どうしても地表から運ばなければならないものは、軽量化などの工夫がされるでしょう。

これは、現在の国際宇宙ステーションと同じです。国際宇宙ステーションでは、水分を抜いて軽くしたフリーズドライの食料を地表から運んでいますし、トイレや空気中から集めた使用済みの水を飲料水として使えるようにしています。

静止軌道ステーションでも、フリーズドライの食品を再生水で戻して食べるのが、普通になるのかもしれません。飲料水や食品を戻すために使われた水は、尿などからの回収と処理を経《へ》て、何度も繰り返し使われます。

このような水の循環は地球上でも起きているのですが、静止軌道ステーション内では循環の輪《わ》が小さいので、抵抗を感じる人もいるでしょう。この心理を突《つ》いて、高級志向のサービスが現われるかもしれません。

たとえば、地表から運び上げた高価な飲料水や食品を提供するサービスです。静止軌道ステーションの高級リゾートホテルでは再生水ではなく、地表から持ち上げたミネラルウォーターのボトルが出されるでしょう。料理もフリーズドライなどではなく、水分をたっぷり含んでいる状態のまま、冷蔵や冷凍で運び上げた食材が使われるでしょう。生きたまま水槽で運ばれた鮮魚も使われるかもしれません。ただし、無重力状態なので、地表と同じような料理や盛り付けは困難です。

しかし、これも逆手《さかて》に取って、無重力状態だからできる独創的な料理や盛り付けが考え出されるでしょう。表面張力《ひょうめんちょうりょく》や毛細管《もうさいかん》現象など、地表では重力の陰《かげ》で目立たなかった現象が、無重力状態では際立《きわだ》つようになります。地表では潰《つぶ》れてしまうくらい柔《やわ》らかい泡やジュレでまとめたり、表面をスープで覆《おお》ったりといった、無重力料理が供《きょう》されるかもしれません。

かつてスペインにあった有名店「エル・ブジ」のように、そこでしか食べることができないユニークな料理を供することができれば、静止軌道ステーションに太陽系で一番予約の取れないレストランが現われるかもしれません。

## 巨大施設・静止軌道ステーションの建造方法

ところで、工場、研究所、リゾートホテルなど、これまで人類が宇宙空間で扱った経験のないような大がかりな施設をどのようにしてつくればいいのでしょうか。これまで人類が宇宙空間でつくった最大の構造物は、国際宇宙ステーションです。大きさは幅109メートル、奥行73メートルで、サッカーのフィールドほどです。

国際宇宙ステーションは、地上でつくった部品をロケットで打ち上げ、宇宙で組み立てられました。言わば、プレハブ方式です。完成品は大きすぎてロケットに積めないので、必然的にプレハブ方式になるわけですが、すべてを宇宙でつくるより、地上で部品をつくって宇宙で組み立てるほうが効率がいいという面もあります。

ただし、プレハブ方式では部品の大きさがロケットの大きさに制限を受けます。国際宇宙ステーションのアメリカ・ヨーロッパ・日本の施設は、スペースシャトルの貨物室の寸法に合わせてあります。ソーラーパネルのようなロケットには収まらない部品は、折りたたんだり巻いたりなど小さくして打ち上げ、宇宙で大きくします。

このように、小さくして打ち上げ、宇宙で大きくする手法を構造物全体にまで広げたのが、風船のように膨《ふく》らませるインフレータブル方式です。萎《しぼ》んだ状態で打ち上げ、宇宙で膨らませることで、ロケットの寸法よりも大きな構造物をつくることができるのです。

現在、ビゲロー・エアロスペースが民間の宇宙ステーションや宇宙ホテルを目指して開発を進めています。すでに宇宙空間での実験が行なわれ、国際宇宙ステーションにも試験機を送り込んでいます。

静止軌道ステーションの建造にも、こういったプレハブ方式やインフレータブル方式などの既存技術を使うことはできます。しかし、ロケットによる運搬を前提にした既存技術の応用は、あまり冴《さ》えたやり方ではないかもしれません。静止軌道ステーションの建造では宇宙エレベーターが使えるので、既存の工法にこだわる必要はありません。

たとえば、現場施工方式も選択肢のひとつです。プレハブ方式やインフレータブル方式より、その場でつくる現場施工方式のほうが設計の自由度が大きく、大空間をつくることもできます。静止軌道ステーションには、大勢の観客が入れるスタジアムのような、巨大な施設がつくられるかもしれません。

## 静止軌道ステーション以外の施設

ところで、宇宙エレベーターでは静止軌道ステーション以外には大きな施設はつくられないのでしょうか。

既存の宇宙エレベーター構想のなかには、さまざまな高度に常設の施設が置かれているものもあります。しかし、本書では、常設の大規模な施設として考えているのは静止軌道ステーションだけです。

宇宙エレベーターでは静止軌道高度だけが無重力状態で、それ以外のところでは重力を感じます。つまり、静止軌道高度ではないところに施設を吊《つ》るすと、ケーブルに負担をかけることになります。ケーブルに余裕があるのならそれでもかまわないのですが、おそらく初期の宇宙エレベーターにはそのような余裕はないでしょう。

また、施設をどうやってケーブルに吊るすのか、という問題もあります。1本しかないケーブルに留《と》めてしまうと、クライマーが通れなくなってしまいます。線路のポイントのように、ケーブルを切り替える機構が必要になります。そのぶん、さらにケーブルに負担がかかります。

そもそも、ケーブルの途中に常設の施設が必要なのかも疑問です。宇宙環境の活用ならば、無重力状態になっている静止軌道ステーションが最適です。

たとえば、月や火星での活動の訓練施設のように、目的に合わせた大きさの重力が欲しいという場合もあるでしょう。このような場合でも、ケーブルの途中に施設を吊るすより、静止軌道ステーションに遠心力で模擬重力をつくる実験装置を設けたほうが、いろいろと融通《ゆうずう》が利《き》きそうです。

また、人工衛星の放出や、火星や小惑星から戻ってきた宇宙船の回収などのように、静止軌道高度から離れたところでの作業が必要な場合もあるでしょう。このような時でも、常設の施設ではなく、必要な時にクライマーを差し向ければすみます。

クライマーは輸送手段にとどまりません。実験施設や訓練施設、人工衛星や宇宙船の放出や回収のための装置としての役割もはたします。クライマーにさまざまな役割を与えることで、宇宙エレベーター全体としては効率のいい運用ができます。そのため、当面は大規模な施設は静止軌道ステーションだけで十分です。

## 宇宙太陽光発電

静止軌道ステーションの施設ではありませんが、おそらく静止軌道上に施設が置かれ、宇宙エレベーターにとっても地球にとっても重要なので、ここで宇宙太陽光発電に触れておきます。

宇宙太陽光発電は、地球周回軌道上に巨大なソーラーパネルを広げ、得られた膨大な電力を無線電力伝送で地表に送るというものです。

太陽光発電はクリーンな発電方式として関心が高まっていますが、発電量は関心の高まりほどには伸びていません。原因には、昼と夜や天候の変化による電力供給の変動が大きいこと、設置に広大な土地が必要なこと、などが挙げられます。

これらの太陽光発電の欠点は、宇宙に出ることで取り除くことができます。静止軌道上ならば地球の影《かげ》になることは滅多《めった》になく、宇宙空間には雲も雨も、さらに空気もないので、太陽光のエネルギーを効率よく安定的に電力に変えることができます。また、宇宙空間は広大なので、巨大なソーラーパネルを広げることもできます。

このように、いいことずくめの宇宙太陽光発電ですが、技術的な問題と経済的な問題から、残念ながら実用化には至っていません。技術的な問題は、無線電力伝送がまだ十分できないことです。第2章で述べたように、無線電力伝送はまだ実用段階にはありません。経済的な問題は、巨大なソーラーパネルをロケットで宇宙空間に持ち上げる費用が高すぎて、採算が取れないことです。

このふたつの問題を解くカギは、宇宙エレベーターです。無線電力伝送は、クライマーへのエネルギー供給にも必須なので、宇宙エレベーターができた時には実用段階になっているはずです。さらに、宇宙エレベーターなら宇宙空間への運搬費用が格段に安くなるので、採算が取れると考えられています。

宇宙太陽光発電は、宇宙エレベーター実現のカギでもあります。クライマーや静止軌道ステーションなど宇宙エレベーターで使う電力は、宇宙太陽光発電をあてにしているからです。「鶏《にわとり》が先か、卵が先か」のような話ですが、実際の建造では、どちらも一気につくり上げるのではなく、徐々に立ち上げていくことになるでしょう。

また、宇宙太陽光発電は地球にとっても大きな恩恵があります。宇宙太陽光発電によって化石燃料への依存度を下げることができ、地球全体の気温上昇を抑えることができるかもしれません。

人為的な二酸化炭素の排出が地球温暖化の原因かどうかについては、科学的な決着はついていませんが、もし原因だとしたら、手をこまねいているうちに手遅れになってしまうかもしれません。また、化石燃料を燃やした時に出るのは、二酸化炭素だけではありません。北京《ペキン》の大気汚染は極端な例ですが、化石燃料を燃やすと、さまざまな汚染物質が大気中に出ていきます。燃やさずにすむのなら、それに越したことはありません。

宇宙エレベーターと宇宙太陽光発電は、地球に私たちが暮らせる環境を保ち続けるための、一組《ひとくみ》のカギでもあるのです。

## 軌道カタパルトの原理

宇宙エレベーターに戻りましょう。第1章で触れたように、宇宙エレベーターは地球を飛び出すための軌道カタパルトとして使えます。

軌道カタパルトとは、宇宙エレベーターのケーブルを投石機のように使うことで、ロケット噴射に頼らずに、宇宙船などを地球の外に送り出す方法です。宇宙エレベーターのケーブルは、時計の針のように全体が同じ角度で回ります。中心からの距離が長いほど弧《こ》も長くなるので、ケーブルの先に行くほど速く動いていることになります。軌道カタパルトでは、このケーブルの速さを活《い》かします。

第1章でも触れましたが、静止軌道ステーションを越えてさらに1万キロメートルほど先、4万7000キロメートルまで行くと、ケーブルが地球の引力を振り切ることができる速さで動いている地球脱出臨界高度があります。地球脱出臨界高度でケーブルから物体を放すと、放しただけでケーブルから離れていきます。この時の、地球の引力を振り切ることのできる速さを、「地球脱出スピード」と言います。

地球脱出スピードに達した物体は、地球の引力を振り切っているので、地表に落ちることはありません。しかし、太陽の引力には捕《つか》まったままなので、地球の公転《こうてん》軌道に沿った軌道で太陽の周《まわ》りを回ります。

地球脱出臨界高度よりさらに先では、ケーブルは地球脱出スピードよりも速く動いています。ケーブルから放された物体は、放された位置を地球の公転軌道との接点とする楕円《だえん》軌道を描いて、太陽の周りを回ります。物体を放す位置をケーブルの先にするほど、楕円のもういっぽうの端《はし》は外側に膨《ふく》らんでいきます。そして、楕円の先端がちょうど他の天体の公転軌道に接した時、この軌道に沿って飛ぶ物体はその天体に届きます。これが、軌道カタパルトの原理です。

地球脱出臨界高度の1万キロメートルほど先、高度5万7000キロメートルには、火星の公転軌道に届く火星到達高度があります。静止軌道ステーションからは2万キロメートルほど先です。

さらにその先には、ケーブル終端《しゅうたん》のつり合いおもりまでの間に、火星より遠い小惑星などの天体に届く到達高度がいくつもあります。それぞれの高度でケーブルから放された物体は、目的の天体の公転軌道に向けて飛び出していきます。

**宇宙で迷子《まいご》!?**

ただし、軌道カタパルトは、地球と目的の天体との位置関係に注意が必要です。目的の天体の公転軌道に届くことと、目的の天体に行き着くことは異なります。

ある天体の到達高度から放された物体は、その天体の公転軌道をめがけて、楕円軌道に沿って飛んでいきますが、楕円の先端に着いた時にそこに目的の天体がなければ、そのまま楕円軌道を描いて戻ってきてしまいます。しかも、地球の公転軌道まで戻ってきても、その時そこに地球がなければ、再《ふたた》び楕円軌道を描いて飛んでいき、太陽の周りを回り続けることになります。

地球も目的の天体も、太陽の周りを回っているので、位置関係は時とともに変わっていきます。ですから、太陽系ではぐれてしまわないために、放出のタイミングと軌道の見極《みきわ》めが重要です。

軌道カタパルトを使うと、物体の捕捉もできます。

他の天体から地球にやってくる物体は、地球の公転スピードとは異なる速さで向かってきます。しかし、宇宙エレベーターのケーブルも地球の公転スピードとは異なる速さで動いており、それぞれの天体の到達高度では、相対スピードがゼロになります。つまり、ケーブルからは物体が止まって見えるので、簡単に捕《つか》まえることができるわけです。

もちろん、捕捉も放出と同じように、タイミングを見極めなければならないことは言うまでもありません。

## 宇宙エレベーターの「上」と「下」

ところで、宇宙エレベーターでは、どちらが「上」でどちらが「下」なのでしょうか。軌道カタパルトで放たれた物体をケーブルから見ると、宇宙空間に向かって「落ちていく」ように見えます。

地表から見れば、ケーブルの先端は「上」ですが、静止軌道よりも先にいる人にとってはケーブルの先端が「下」で、地球が「上」にあるように感じます。静止軌道ステーションを挟《はさ》んで、感じられる重力の向きが逆になるからです。

地表からクライマーに乗ってケーブルを上っていくと、高度が上がるにしたがって重力が小さくなっていくように感じます。そして、静止軌道ステーションで無重力状態になり、さらにケーブルの先端に向かうと、今度は地球とは反対向きに重力を感じるようになります。

私たちは通常、重力の向きを「下」、その反対向きを「上」と感じます。つまり、静止軌道ステーションより先では、地球が「上」にあるように感じるわけです。「上下」ではない、何かうまい言葉を考えないと、こんがらかりそうです。

言葉ができたのは地球上なので当然ではありますが、「目的地」や「地面」のように、暗《あん》に地球の存在が前提になっている言葉がたくさんあります。宇宙エレベーターの「上下」と同じように、宇宙の日常化が進んだ時代には、宇宙環境をうまく表わす言葉が必要になりそうです。

## なぜ、全長10万キロメートルなのか？

話を軌道カタパルトに戻しましょう。本書で考えてきた宇宙エレベーターの全長は10万キロメートルです。長いと思われるかもしれませんが、本来は全長14万キロメートルのところを、ケーブルの先端につり合いおもりをつけることで、10万キロメートルまで詰めています。

しかし、ケーブルを短くできるというのなら、もっと短くしてもよさそうなものです。短いほうが費用は安くなり、建造や補修も楽になるはずです。何か理由があるのでしょうか。

その答えは、軌道カタパルトにあります。軌道カタパルトは、ケーブルが長いほど遠くまで届きます。ちなみに、つり合いおもりをつけない全長14万キロメートルの宇宙エレベーターならば、木星や土星にも届きます。木星到達高度は12万キロメートル、土星到達高度は14万キロメートルです。

とはいえ、木星や土星に届いても、使われなければ意味がありません。費用対効果が高い長さを選ぶのが、理《り》に適《かな》っています。

そこで、火星や小惑星です。火星や小惑星を狙《ねら》うことは、宇宙での経済活動を狙うことです。火星は、地球からもっとも行きやすい惑星なので、宇宙で最初の入植《にゆうしよく》惑星になりえます。また、小惑星は貴金属などの資源が豊富なので、宇宙での営利事業の足がかりになります。

全長10万キロメートルのケーブルなら、軌道カタパルトで火星や小惑星に届きます。つまり10万キロメートルという宇宙エレベーターの長さは、火星や小惑星での宇宙活動の日常化と産業化を見据《みす》えた長さなのです。

## 月面の利用

火星や小惑星について触れる前に、ちょっと月に寄り道をします。月は地球にもっとも近い天体であり、人類が地球以外にはじめて足跡を残した天体です。しかし、一九七二年のアポロ17号を最後に40年以上、誰も行っていません。

人類が月に行く目的はなんでしょう。アポロ計画の目的は、アメリカ人を月に立たせることでした。科学的な探査も目的に挙げられましたが、そのためだけに200億ドルもの資金は出せなかったでしょう。中国は現在、月に人を送り込むことを目指していますが、国威発揚や技術力の誇示が目的と言われています。

では、月に行く実用的な目的はないのか。たとえば、資源はどうでしょう。実は、月にあって地球にはない資源はほとんどない、と考えられています。理由は、月の起源にあります。

月の起源には諸説ありますが、ジャイアント・インパクト説が有力です。太陽系初期の原始地球に火星ほどの大きさの原始惑星がぶつかり、この時に飛び散った原始地球の表面と砕《くだ》けた原始惑星とが集まって月ができた、という説です。

ジャイアント・インパクト説が正しければ、月は地球の表面と同じ物質からできていることになります。月にあるなら地球にもあるので、わざわざ採《と》りに行くほどのことはありません。

月に採りに行く価値のある資源があるとしたら、それは、月の起源とは無関係なものです。見込みがありそうなのは、ヘリウム3です。

ヘリウムには、原子核に陽子と中性子が2個ずつあるヘリウム4と、陽子2個に中性子1個のヘリウム3があります。地球の大気中にあるヘリウム3はとても少なく、大気中に0・0005パーセントしかないヘリウム4のさらに100万分の1ほどしかありません。それに対して、月面には、太陽風《たいようふう》で運ばれてきたヘリウム3が、長い時間をかけて降《ふ》り積《つ》もっていることがわかっています。

ヘリウム3は、核融合発電の燃料として有望と考えられています。核融合とは、水素やヘリウムといった軽い原子の原子核どうしがくっつく核反応で、この時に出てくる大きなエネルギーを電力に変えるのが核融合発電です。「夢のエネルギー」と言われていますが、まだ研究が進められている段階です。

ヘリウム3を燃料とする核融合発電が可能になれば、月からヘリウム3を運んでも採算が取れる運搬手段が必要になります。月から宇宙空間に持ち上げるのは、重力が小さいのでそれほど大変ではありませんが、宇宙空間から重力の大きい地表に下ろすところで費用がかかります。事業化には宇宙エレベーターが必須かもしれません。

月から持ち上げる時にも宇宙エレベーターを使おう、というアイデアもあります。ラグランジュ点（118ページ）という地球と月の間にある力学的な平衡点《へいこうてん》を支えにして、月面まで届く宇宙エレベーターをつくる計画です。ただ、地球と月の間にあるラグランジュ点は、安定性があまり良くありません。実際に月面の宇宙エレベーターができたとしても、制御はとても難しいでしょう。

## 火星の利用

次は、本格的な有人宇宙活動の場として関心を持たれている惑星、火星です。火星は、宇宙での自律的で持続的な有人活動を試《ため》すには、お誂《あつら》え向きの場所です。

まず、火星は地球からもっとも行きやすい惑星です。火星は「地球にもっとも近い惑星」と言われることがありますが、厳密には「もっとも近くなることがある惑星」です。

地球は太陽の周《まわ》りを1年かけて回りますが、火星は2年弱で回ります。たがいの公転周期が異なるので、近づいたり離れたりを繰り返し、だいたい2年ごとに、もっとも近くなる最接近になります。最接近の機会を狙《ねら》えば、短い航行時間で地球と火星の間を行き来できます。

次に、火星表面で酸素と水が手に入りそうです。火星が赤く見えるのは赤さび、つまり酸化鉄《さんかてつ》の色です。鉄と結びついてはいますが、酸素はたくさんあるということです。また、NASAの火星探査ローバー、キュリオシティによる観測で、火星の砂の下に氷が見つかりました。つまり、水もあるということです。

酸素と水があれば、補給なしに有人活動を続けられる可能性があります。現在の有人宇宙活動では、地球からの酸素や水の補給が不可欠です。補給を必要としない閉鎖系生命維持システムは、研究は進められているものの、実現はしていません。

現場で酸素と水の補充ができれば、地球からの補給に頼らずに、長期間の有人活動が可能になります。さらに、食料の生産ができるようになれば、移住も夢ではなくなります。

火星への移住が始まれば、宇宙エレベーターの出番です。数人程度を送るのならロケットでも賄《まかな》えるでしょうが、数百人、数千人、さらに大規模な移住となれば、ロケットでは捌《さば》ききれません。移住の初期は、人だけではなく、暮らしを支える設備や装置類も地球から運ぶことになるでしょう。宇宙エレベーターなら、軌道カタパルトを使って大量に送り届けることができます。

地球を離れ、火星で人が暮らしていけるかどうかは、人類の宇宙進出の試金石《しきんせき》になるでしょう。

ところで、火星にも宇宙エレベーターをつくるアイデアがあります。実は、火星は、地球よりも宇宙エレベーター向きの惑星です。宇宙エレベーターは重力が小さく、自転が速いほどつくりやすくなります。火星の重力は地球の3分の1なのに対して、自転周期は地球と同じくらいなので、火星には地球よりも楽に宇宙エレベーターがつくれるのです。

地球だけでなく、火星にも宇宙エレベーターができれば、地球と火星の間を、軌道修正を除いてほぼロケット噴射に頼らずに、行き来できるようになります。そうなれば、火星までの費用はさらに安くなり、地球から旅行で訪れることができるようになるかもしれません。

とはいえ、火星の宇宙エレベーターに何の障害もないというわけではありません。大きな問題は、火星の衛星です。火星にはふたつの衛星、フォボスとダイモスがあります。大きさはフォボスが差《さ》し渡《わた》し20キロメートルほど、ダイモスが同15キロメートルほどです。どちらもいびつな形で、小惑星が火星の重力に捕《と》らえられたものと考えられています。

フォボスもダイモスも軌道が低いので、火星の赤道上に宇宙エレベーターのケーブルを伸ばすと、ぶつかってしまいます。うまく避《さ》ける方法を考えなければなりません。

実はフォボスは、高度が次第に下がっています。やがて火星の重力によって引き裂かれ、砕《くだ》けてしまうと考えられています。砕けた破片は火星の軌道上に広がり、輪をつくるかもしれません。輪ができてしまうと、宇宙エレベーターをつくるのはさらに面倒になるでしょう。

もっとも、フォボスが砕けるほどまで高度が下がるのは、3000万年から5000万年後とも言われているので、当面は心配いりません。

## 小惑星の利用

小惑星のなかには金やプラチナなどの貴金属を豊富に含むものがあり、現在、資源の供給源として関心を集めています。

貴金属はその名の通り、稀《まれ》にしか見つからない貴重な物質です。希少価値があるので値段も高いわけですが、地球の表面で希少だからといって、地球全体でも希少とは限りません。地球の核《かく》には豊富に含まれていると考えられています。核に貴金属が豊富なのは、地球の起源と関係があります。

地球など太陽系の惑星は、太陽系初期に原始惑星が衝突を繰り返してできたと考えられています。原始惑星の衝突によって運動エネルギーが熱に変わり、温度が上がるので、惑星全体がドロドロに溶《と》けたマグマオーシャンという状態になっていたはずです。マグマオーシャンのなかでは、軽い元素は表面に浮き上がり、重い元素は核に沈み込みます。貴金属は重い元素なので、核に沈んでしまったと考えられています。

しかし、核まで穴を掘ることはできません。そこにあるとわかっていても、手が届かないのです。

ところが、太陽系には手の届く核があります。小惑星にはさまざまな型がありますが、そのなかに、もともと核だったものがあります。太陽系初期に核ができるほどに大きくなった原始惑星が衝突によって砕《くだ》け散った破片ではないか、と考えられている小惑星です。もともと核だったのなら、貴金属が豊富に含まれているはずです。

また、太陽系初期のままの状態を保っている小惑星にも、貴金属が豊富にあるはずです。そのような小惑星には、地球のような核はありません。重力が弱いので、衝突で溶《と》けたとしても、沈み込むことがなかったからです。このような小惑星の表面付近には、地球の表面よりも貴金属が残っているはずです。

こういった貴金属を豊富に含む小惑星ならば、わざわざ宇宙空間を渡ってでも採《と》りに行く価値があるかもしれません。貴金属は値段が高いので、多少費用がかかっても、採算は取りやすいでしょう。そして、採算性ならば、ロケットよりも宇宙エレベーターです。

宇宙エレベーターなら、小惑星から掘り出されて地球に向けて送り出された資源を、軌道カタパルトで受け取り、クライマーで地表に下ろすことができます。地表に下ろさず、静止軌道ステーションの工場で使う原料にするなら、さらに費用はかかりません。

現在、地表の貴金属は、資源枯渇《こかつ》の危機に瀕《ひん》しています。プラチナは、二〇五〇年までに現時点で採掘の採算が取れる量を超えると言われています。

金《きん》はさらに深刻で、現時点で採掘が困難なものも含めて、二〇五〇年までに確認されている埋蔵量を超えると言われています。金は、過去50年で10万トンが掘り出されました。オリンピックのプールたった3杯分ほどです。しかも、埋蔵量のほうが少なく、あと6万トンしかないと見積もられています。

宇宙から貴金属が下りてくれれば、こうした資源枯渇の心配はなくなります。それどころか小惑星からの採掘が進めば、「貴」金属ではなくなる日がくるかもしれません。

## そして、星々の世界へ

人類の宇宙での活動の広がりは、太陽系内にとどまりません。太陽系を飛び出し、恒星《こうせい》間の宇宙空間、つまり星間《せいかん》空間へと広がっていきます。星間空間なんて大げさな、と思われるかもしれません。なにしろ、太陽にもっとも近い恒星でも4光年以上、光の速さで4年以上かかるほどの隔《へだ》たりです。簡単に届く距離ではありません。

しかし、人類はすでに星間空間への第一歩を踏み出しています。現在、木星や土星などの観測を終えた探査機が、次々に太陽系の縁《ふち》を越えようとしています。いずれもNASAのパイオニア10号・11号、ボイジャー1号・2号、ニュー・ホライズンズが、太陽の引力を振り切る速さで航行中です。これらのうち、ボイジャー1号・2号とニュー・ホライズンズは、地球に信号を送り続けてきています。

なかでも、一九七七年に打ち上げられたボイジャー1号は、人類が送り出した物体としてはじめて、二〇一二年にヘリオポーズを抜けました。ヘリオポーズとは、太陽風が届く限界のことです。ヘリオポーズまでが太陽の影響がおよぶ範囲とも考えられるので、ボイジャー1号は太陽系の縁を越え、星間空間へと踏み出したことになります。

また、二〇〇六年に打ち上げられたニュー・ホライズンズは、二〇一五年に冥王星のすぐ脇を通り過ぎ、鮮明な写真を送ってきました。今は、前述のように太陽系外縁天体2014 MU69に向けて、秒速約15キロメートルで航行中です。到着は二〇一九年、その後は星間空間へと飛び出していきます。

これらの探査機が、地球を出てから太陽系を抜けるまでに時間がかかっているのは、探査機が遅いからです。ボイジャー1号は、なんと35年もかけて太陽系の縁にたどり着きました。ニュー・ホライズンズはそれよりも速く、月軌道や木星軌道の最短通過記録をつくりましたが、それでも冥王星まで９年かかっています。

探査機が遅いのは、地球からの打ち上げを除いて、宇宙空間ではロケット推進をしていないからです。ロケット推進をすればもっと速くできますが、ロケットの打ち上げ能力に限界があり、探査機に大量の推進剤を積むことができません。惑星の引力と公転運動で軌道を変えるスイングバイによって速さを増すことはできますが、目的とは異なる惑星に寄り道をしなければならないので、時間が余計にかかります。

宇宙エレベーターがあれば、軌道カタパルトとロケット推進の併用で、探査機をもっと速く飛ばせます。軌道カタパルトだけでは、太陽系を飛び出すのに十分な速さを探査機に与えることはできませんが、足《た》りないぶんはロケット推進で補《おぎな》います。宇宙エレベーターなら大量の推進剤を宇宙空間に持ち上げることができるので、探査機が太陽系を飛び出すまでにかかる時間を大幅に短縮できます。

宇宙エレベーターは、太陽系の縁を引き寄せ、星間空間を近づけます。その先には、何が待っているのでしょうか。

最近、太陽系外に惑星が次々に見つかっています。それらは太陽系の外にある惑星なので、「系外惑星《けいがい》」と呼ばれています。NASAの人工衛星ケプラーが、銀河系の狭《せま》い範囲を調べただけで、系外惑星の候補が数千個も見つかりました。地上の天文台による観測を含めて、確認済みの系外惑星のなかには、地球とよく似た惑星も見つかっています。

たとえば、地球から500光年弱離れたケプラー186という恒星には、地球と似た惑星があることがわかりました。この惑星は、地球と同じような大気と液体の水を持つことが可能な環境にあるようです。

太陽系があるのは銀河系内としては星が疎《まば》らなところですが、それでも、太陽系から半径30光年の範囲に400個もの恒星があります。そのなかには惑星を持つ星もたくさんあるでしょう。地球型の系外惑星もあるはずです。もしかすると、そこには生命がいるかもしれません。

将来的には、こうした系外惑星に探査機を送り出すことになるでしょう。さらに、人類が訪《たず》ねることも夢ではなくなる日がきっと来ます。

人類の活動範囲が太陽系全域へ、さらにその先へと広がり、本格的な宇宙時代がやって来ます。その時、宇宙エレベーターは、星々の世界へと続く梯子《はしご》の最初の一段としての役割をはたしていることでしょう。

# おわりに

地球上の生命である私たちにとって、宇宙はけっして快適とは言えません。高エネルギーの宇宙線が飛《と》び交《か》う超高真空の宇宙空間は、むしろ過酷な環境です。にもかかわらず、私たちは宇宙を目指しています。なぜ危険を冒《おか》してまで、宇宙に出て行こうとしているのでしょうか。

人類はアフリカの地で生まれ、アフリカの内陸部で数百万年をかけて進化を重ねていきました。そして数万年前、ホモ・サピエンスとなった人類の一部がアフリカを旅立ち、地球全域へと広がっていったと考えられています。人類発展のきっかけとなったこの出来事は、「出《しゅつ》アフリカ」と呼ばれています。

そして今、地球は人類にとって手狭《てぜま》になりつつあります。世界の人口は73億人を超え、今世紀中に100億人に達するとの予測もあります。大気中の二酸化炭素濃度の上昇や食糧需給の不均衡、淡水《たんすい》の不足や水質汚染など、地球規模の問題が現われ始めています。

しかし、私たちにはまだ宇宙があります。

宇宙は、人類にとって最後ではあるものの、無限と思えるほど広大なフロンティアです。もし、数万年前にアフリカの縁《ふち》に立ったすべての人が「この海は渡れない」「この砂漠は越えられない」とあきらめていたら、人類はアフリカから出ることができず、滅《ほろ》んでいたかもしれません。未来を信じて外の世界に踏み出した人たちがいたからこそ、私たちが今ここにいるのです。

私たちは、未来を夢見てアフリカを旅立った集団の末裔《まつえい》です。その遺伝子を受け継いでいるのなら、未来を信じて進む心も受け継がれているはずです。私たちの祖先が海や砂漠に挑《いど》んでいったように、広大な宇宙を前にした私たちは、たとえそこがどんなに過酷だろうと、挑まずにはいられないのです。

そして、人類の本格的な宇宙進出の挑戦を支えるのが、宇宙エレベーターです。宇宙エレベーターの宇宙側に、ターミナルはありません。アフリカの縁の先に広大なフロンティアが広がっていたように、ケーブルの先には、はてしない宇宙空間が広がっています。地球を旅立つ「出地球《しゅつちきゅう》」のためにも、宇宙エレベーターの実現が待たれます。

とはいえ、実現を待つ人がどれだけ増えても、それで宇宙エレベーターが姿を現わすわけではありません。

「パーソナルコンピュータの父」と呼ばれるアラン・ケイは、「未来は、自《みずか》ら発明することで予測可能となる」と言っています。ただ待っていても、望む未来はやってきません。未来は待つものではなく、つくり出すものです。宇宙エレベーターの実現には、いくつもの困難がありますが、「出地球」に向けて、その困難を乗り越えていく行動が必要です。

来《きた》るべき未来を信じてあなたも一歩を踏み出すことを願いつつ、筆を擱《お》くことにします。

# 参考文献

石川憲二『宇宙エレベーター――宇宙旅行を可能にする新技術』オーム社　二〇一〇年
石原藤夫、金子隆一『軌道エレベーター』ハヤカワ・ノンフィクション文庫　二〇〇九年
宇宙エレベーター協会編『宇宙エレベーターの本』アスペクト　二〇一四年
狼嘉彰、冨田信之、中須賀真一、松永三郎『宇宙ステーション入門』東京大学出版会　二〇〇二年
佐藤健太郎『化学で「透明人間」になれますか？』光文社新書　二〇一四年
佐藤実『宇宙エレベーターの物理学』オーム社　二〇一一年
篠原真毅監修、電子情報通信学会編『宇宙太陽発電』オーム社　二〇一二年
鈴木一人『宇宙開発と国際政治』岩波書店　二〇一一年
ブラッドリー・C・エドワーズ、フィリップ・レーガン著、関根光宏訳『宇宙旅行はエレベーターで』オーム社　二〇一三年
吉岡完治、松岡秀雄、早見均『宇宙太陽発電衛星のある地球と将来』慶應義塾大学出版会　二〇〇九年

切りとり線

★読者のみなさまにお願い

この本をお読みになって、どんな感想をお持ちでしょうか。祥伝社のホームページから書評をお送りいただけたら、ありがたく存じます。今後の企画の参考にさせていただきます。また、次ページの原稿用紙を切り取り、左記まで郵送していただいても結構です。

お寄せいただいた書評は、ご了解のうえ新聞・雑誌などを通じて紹介させていただくこともあります。採用の場合は、特製図書カードを差しあげます。

なお、ご記入いただいたお名前、ご住所、ご連絡先等は、書評紹介の事前了解、謝礼のお届け以外の目的で利用することはありません。また、それらの情報を6カ月を越えて保管することもありません。

〒101-8701（お手紙は郵便番号だけで届きます）
祥伝社新書編集部
電話03（3265）2310
祥伝社ホームページ　http://www.shodensha.co.jp/bookreview/

★本書の購買動機（新聞名か雑誌名、あるいは○をつけてください）

| | | | | | |
|---|---|---|---|---|---|
| ＿＿＿新聞の広告を見て | ＿＿＿誌の広告を見て | ＿＿＿新聞の書評を見て | ＿＿＿誌の書評を見て | 書店で見かけて | 知人のすすめで |

★100字書評……宇宙エレベーター

名前

住所

年齢

職業

佐藤 実　さとう・みのる

東海大学理学部／清水教養教育センター講師。1966年、北海道生まれ。東海大学理学部卒業、同大学院理学研究科物理学専攻博士課程後期単位取得退学。2000年より現職。専門は宇宙エレベーター、物理教育研究、科学映像教材。著書に『宇宙エレベーターの物理学』など。第3回日経「星新一賞」一般部門グランプリ受賞、NHK BSプレミアム「2050年 宇宙エレベーターの旅」監修。宇宙エレベーター協会フェロー、日本物理教育学会理事、CIEC理事も務める。

**宇宙《うちゅう》エレベーター**
**——その実現性《じつげんせい》を探《さぐ》る**

**佐藤《さとう》実《みのる》**

2016年8月10日　初版第1刷発行

発行者……………辻 浩明
発行所……………祥伝社《しょうでんしゃ》
〒101-8701　東京都千代田区神田神保町3-3
電話　03(3265)2081(販売部)
電話　03(3265)2310(編集部)
電話　03(3265)3622(業務部)
ホームページ　http://www.shodensha.co.jp/

装丁者……………盛川和洋
印刷所……………萩原印刷
製本所……………ナショナル製本


Printed in Japan　ISBN978-4-396-11475-6　C0240

〈祥伝社新書〉
大人が楽しむ理系の世界

419
## 1日1題! 大人の算数
あなたの知らない植木算、トイレットペーパーの理論など、楽しんで解く52問
埼玉大学名誉教授 岡部恒《つね》治《はる》

338
## 大人のための「恐竜学」
恐竜学の発展は日進月歩。最新情報をQ&A形式で
北海道大学准教授 小林快次 監修
サイエンスライター 土屋 健 著

080
## 知られざる日本の恐竜文化
日本人は、なぜ恐竜が好きなのか? 日本の特異な恐竜文化を言及する
サイエンスライター 金子隆一

318
## 文系も知って得する理系の法則
生物・地学・化学・物理——自然科学の法則は、こんなにも役に立つ!
元・慶應義塾高校教諭 佐久《さく》 協《やすし》

430
## 科学は、どこまで進化しているか
「宇宙に終わりはあるか?」「火山爆発の予知は可能か?」など、6分野48項目
名古屋大学名誉教授 池内 了《さとる》

# 〈祥伝社新書〉
## 医学・健康の最新情報

432
### 本当は怖い肩こり
揉《も》んではいけない！　専門医が書いた、正しい知識と最新治療・予防法
東京医科大学講師 遠藤健司
横浜南共済病院 三原久範《ひさのり》

190
### 発達障害に気づかない大人たち
ADHD、アスペルガー症候群、学習障害……全部まとめて、この1冊でわかる！
福島学院大学教授 星野仁彦《よしひこ》

356
### 睡眠と脳の科学
早朝に起きる時、一夜漬《いちやづ》けで勉強をする時……など、効果的な睡眠法を紹介する
杏林大学医学部教授 古賀良彦

404
### 科学的根拠にもとづく最新がん予防法
氾濫《はんらん》する情報に振り回されないでください。正しい予防法を伝授！
国立がん研究センター がん予防・検診研究センター長 津金《つがね》昌一郎

458
### 医者が自分の家族だけにすすめること
自分や家族が病気にかかった時に選ぶ治療法とは？　本音で書いた50項目！
医師 北條元治

## 〈祥伝社新書〉
## 教育・受験

191
**はじめての中学受験**
わが子の一生を台無しにしないための学校選びとは？　受験生の親は必読！
変わりゆく「中高一貫校」
日能研《にちのうけん》 進学情報室

360
**なぜ受験勉強は人生に役立つのか**
教育学者と中学受験のプロによる白熱の対論。頭のいい子の育て方ほか
明治大学教授
齋藤　孝
家庭教師
西村則康《のりやす》

433
**なぜ、中高一貫校で子どもは伸びるのか**
開成学園の実践例を織り交ぜながら、勉強法、進路選択、親の役割などを言及
開成中学校・高校校長
東京大学名誉教授
柳沢幸雄

452
**わが子を医学部に入れる**
医学部志願者、急増中！「どうすれば医学部に入れるか」を指南する
桜美林大学北東アジア総研
客員研究員
小林公夫

362
**京都から大学を変える**
世界で戦うための京都大学の改革と挑戦。そこから見えてくる日本の課題とは
京都大学第25代総長
松本　紘《ひろし》

## 〈祥伝社新書〉
## 歴史に学ぶ

361
### 国家とエネルギーと戦争
日本はふたたび道を誤るのか。深い洞察から書かれた、警世の書！
上智大学名誉教授
渡部昇一

379
### 国家の盛衰
3000年の歴史に学ぶ
覇権国家の興隆と衰退から、国家が生き残るための教訓を導き出す！
上智大学名誉教授
渡部昇一
早稲田大学特任教授
本村凌二

392
### 海戦史に学ぶ
名著復刊！　幕末から太平洋戦争までの日本の海戦などから、歴史の教訓を得る
元・防衛大学校教授
野村　實《みのる》

460
### 石原莞爾の世界戦略構想
希代の戦略家にて昭和陸軍の最重要人物、その思想と行動を徹底分析する
日本福祉大学教授
川田　稔

472
### 帝国議会と日本人
なぜ、戦争を止められなかったのか
帝国議会議事録から歴史的事件・事象を抽出し、分析。戦前と戦後の奇妙な一致！
歴史研究家
小島英俊